NEW YORK STYLE
*Romantic Cup Cake*

# 纽约风
# 杯子蛋糕

［日］井关和美 著　　周小燕 译

世界最可爱最受欢迎的
**Ciappuccino**蛋糕店中的蛋糕配方集

中国民族摄影艺术出版社

## 前言

### 欢迎来店中品尝
### 纽约风杯子蛋糕！

　　我的娘家经营酒店，我从小就看着他们烹饪和烘焙，经常帮忙也学会了不少东西。但是，作为土生土长的北海道人，说起西式糕点，我过去就只知道法式糕点。

　　后来我赴美求学，度过了自己的学生时代。在那里看到的蛋糕，完全颠覆了我对蛋糕的印象。

　　特别是纽约风的杯子蛋糕，真的特别让人心动。在那之前，我先入为主地以为杯子蛋糕就是类似妈妈手工制作的私家蛋糕。但是在纽约的大街上，我看到打扮时尚的女士们拿着杯子蛋糕边走边吃，这些蛋糕时尚华丽又可爱，和家里制作的那些朴素的蛋糕完全不同。

　　而且，这些杯子蛋糕不但外表华丽得难以想象，看起来非常高级，味道也令人念念不忘。

　　回到日本后，我一直在寻找美式糕点店，但是非常少，倒是有很多欧式蛋糕店。我就一直在想，为什么没有专门的美式糕点店？就在那时，我遇见了Ciappuccino杯子蛋糕，之后得到授权开了家Ciappuccino蛋糕店，售卖纽约风的杯子蛋糕和无比派。那时是2009年。

我在烹饪学校学过关于糕点的知识，但是对于店铺的运营，从配方、包装设计到销售，一切都是从头开始。我每天都很忙碌，但非常开心，没有什么比用杯子蛋糕来展现我最喜欢的美国更让我欣喜的了。

在日本开一家正宗的美式糕点店非常辛苦。

首先，真正掌握正宗的美式糕点知识的糕点师非常少，做美式糕点必不可少的糖粒、从龙舌兰中提取出来的甜味剂龙舌兰糖浆、黑蜜、黄油奶油等这些专业材料，也很难买到。

为了让更多的人了解美式糕点闪闪发亮的魅力，我出版了这本书。本书介绍了以Ciappuccino蛋糕店中人气独家糕点为首的美式糕点，为了在家也能做，特别选取了方便购买的材料和通俗易懂的配方。

按照本书的方法，即使从来没有接触过做蛋糕的初学者，也能成功做好杯子蛋糕，开心地说"可爱又清新的纽约风杯子蛋糕做好了哦！"

为了给亲爱的家人或者重要的人送去祝福，一定要尝试着做一下如镶嵌宝石般灿烂、满含心意的杯子蛋糕。

# 目录

街边小摊上的杯子蛋糕。名字超可爱！

纽约切尔西市场的Eleni's。糖霜饼干种类很多。

奶油的形状非常可爱，超受欢迎的杯子蛋糕。

# 各种各样的纽约糕点

在美国，杯子蛋糕在聚会或者各种庆祝中不可或缺。

我对外国电视剧或者电影中，打扮精致的职业女性大口咬杯子蛋糕的情景印象深刻。

因为纽约汇聚了来自世界各地的人，食物的种类也多种多样，从"不健康食品"到面向素食者的蛋糕应有尽有。最大的特点是能找到自己喜欢的蛋糕。

这里的蛋糕店也有很多出彩的地方。

地铁通道两边的小店，摆放着很多让人惊艳的可爱蛋糕，本以为精致的橱窗里摆放的是包包，原来也是蛋糕。要是你喜欢甜点，走在纽约的大街上一定会目不转睛、恋恋不舍的。

Two Little Red Hens店中漂亮的奶酪蛋糕。

翠贝卡（Tribeca）有一家高级的杯子蛋糕店。

本以为橱窗里是包包，原来是蛋糕！

街角小咖啡店中朴实的杯子
蛋糕。

在日本很难见到的蛋糕卷的
设计。

CITY BAKERY一直人满为
患。

提起材料，有面向顾忌热量、不喜欢淀粉的人的"无淀粉"面粉，
还有对健康有益的有机糖龙舌兰糖浆，就连甜味剂也有很多种类。可
能是因为容易买到各种材料，所以我意外地发现有很多健康的杯子蛋
糕呢。

今天想开Party好好玩一下的时候，就会想到因可爱的箱子设计
而闻名的Georgetown Cupcake。
家人想吃味道柔和的蛋糕时就去Two Little Red Hens，对不喜欢
鸡蛋和乳制品的绝对素食主义者来说，可以去能买到素食杯子蛋糕的
babycake，在纽约，每个人都可以选到自己喜欢的蛋糕！

去看一看，找到自己的风格吧。
这应该会成为纽约之旅的新发现吧。

DOUGHNUT PLANT的素食
甜甜圈。今天有著名女演员
光顾了。

XO的文字让可爱的手作杯
子蛋糕更引人注目。

杯子蛋糕荟萃的Georgetown
Cupcake。

# The Basics

## SECTION

# 1

♥

# 杯子蛋糕糊

我最倾心的杯子蛋糕，有益健康，味道香甜，不管什么时候吃都口感轻盈。本章介绍了Ciappuccino蛋糕的基础蛋糕糊的制作。使用方便买到的材料，应用简单的制作方法，即使初次操作也很难失败。

The Basics

杯子蛋糕糊

# 杯子蛋糕糊分为哪几种？

根据发源地和历史，蛋糕糊也分为很多种。

Ciappuccino蛋糕有很多种，我从中选取了最受欢迎的几种来介绍。

专栏

## 分蛋打发法和全蛋打发法

做海绵蛋糕，一般有2种做法，这就是分蛋打发法和全蛋打发法。

分蛋打发法，是将蛋黄和蛋白分别打发，最后混合的方法。刚烤好的时候非常松软，戚风蛋糕就使用这种方法。

全蛋打发法，是不将蛋黄和蛋白分开，放入砂糖，边保持人体温度边打发的方法。做出来的蛋糕质地细腻硬实，适合用作中间夹馅的奶油蛋糕。

*Chiffon Cake*

## 戚风蛋糕

一种发源于美国，用分蛋打发法做成的淡黄色蛋糕。

戚风蛋糕因为饱含空气，所以口感松软，通常材料内不放入黄油，所以质地轻盈、有益健康。戚风蛋糕的特点是放入蛋白完全打发形成的蛋白霜。

虽然一般用中间有空洞的戚风模烘烤，但Ciappuccino的杯子蛋糕也使用这种戚风蛋糕糊。戚风蛋糕大多搭配淡奶油。

*Chiffon Cocoa Cake*

## 可可戚风蛋糕

在戚风蛋糕的基础上进行了创新，蛋糕糊中放入可可粉，保留了戚风蛋糕松软的口感，增添了可可的味道。Ciappuccino蛋糕放入的是黑可可粉，让颜色和味道更深沉浓郁。同样使用可可蛋糕糊，相对于魔鬼蛋糕的厚重，可可戚风蛋糕质地更轻盈。

## 红丝绒蛋糕

红丝绒蛋糕发源于第二次世界大战的美国南部。据说是因为战时材料匮乏，所以使用红甜菜来染色。

虽然日本人对这款蛋糕不太熟悉，但它在美国非常受欢迎，其特点是富有可可的味道和深红的颜色。

和胡萝卜蛋糕一样，红丝绒蛋糕大多搭配奶油奶酪霜食用。

## 胡萝卜蛋糕

在中世纪的欧洲，因为甜味剂稀少昂贵，所以将糖分较多、方便购买的胡萝卜作为糖使用。在美国，20世纪60年代才有胡萝卜蛋糕开始商业出售。

现在的美国，胡萝卜蛋糕一般和巧克力蛋糕、奶酪蛋糕一起摆放，非常受大众欢迎，甚至用于生日蛋糕或者婚礼蛋糕。

胡萝卜蛋糕直接食用味道就很好，如果裹上奶油奶酪霜，味道会更浓郁。

## 魔鬼蛋糕

美国的巧克力蛋糕，一般会使用大量的巧克力和可可粉，颜色非常黑。魔鬼蛋糕虽然和只用蛋白制作的白色天使蛋糕相呼应，但名字的由来却众说纷纭，一种说法是蛋糕好吃到引人犯罪，如恶魔般魅惑人心；另一种说法是即使冒着被恶魔摄去心魂的风险也想吃。

这款蛋糕并不使用常用的泡打粉，而是用膨胀剂的一种——苏打粉。如果使用泡打粉，难得的黑色就会变淡了。

The Basics

杯子蛋糕糊

❤ 开始前的准备工作

● 将低筋粉、泡打粉混合过筛。

● 烤箱预热至160℃。

# 基础香草戚风的做法

一定要掌握戚风蛋糕的做法，这是制作杯子蛋糕的基础。在戚风蛋糕中增添了香草的味道，所以是香草戚风。质地轻盈、有益健康的戚风蛋糕，松软的口感就是它的生命，其关键在于将蛋白完全打发做成蛋白霜。

❤ 材料 6个份

| | |
|---|---|
| 蛋黄 | 2个 |
| 砂糖 | 10g |
| 香草油 | 少量 |
| 蜂蜜 | 3g |
| 色拉油 | 30mL |
| 水 | 30mL |
| 低筋粉 | 50g |
| 泡打粉 | 1/2小匙略少 |

蛋白霜用

| | |
|---|---|
| 蛋白 | 2个 |
| 砂糖 | 25g |

香草戚风

### 使用香草戚风的蛋糕

本书中的夏布奇诺（p47）、草莓黑醋蛋糕（p53）、旋转浆果蛋糕（p57）等多种蛋糕，使用的就是这款基础香草戚风。

夏布奇诺

草莓黑醋蛋糕

旋转浆果蛋糕

♥ 做法

① 搅拌蛋黄、砂糖和香草油，打发到颜色
发白。

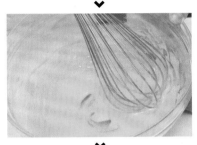

② 将色拉油、水、蜂蜜倒入1内。

③ 制作蛋白霜。
另取一碗，放入蛋白和砂糖搅匀打发，
打发到有小角缓缓立起。

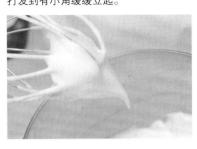

④ 将低筋粉和泡打粉混合，筛入2内。要
用粉筛筛入，这样会混入空气。
用打蛋器搅拌均匀。这里需要用力搅拌
到打蛋器变沉，这样烘烤后的蛋糕不容
易塌陷）。

⑤ 将1/3的蛋白霜放入4内，用打蛋器搅拌均匀。

⑥ 撤下打蛋器，改用刮刀，将剩余的蛋白分2~3次放入，每次都搅拌均匀。

⑦ 搅拌到顺滑，用刮刀舀起蛋糕糊，呈缎带状滑落，滑落的蛋糕糊能慢慢地和周围的蛋糕糊融合就可以了。

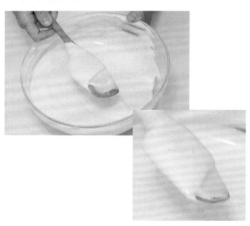

⑧ 将搅拌好的蛋糕糊倒入有注水口的容器中。因为蛋糕糊质地略黏稠，使用这样的容器，更容易倒出。
将蛋糕糊倒入模具中，倒至约八分满就可以了。

⑨ 将模具放入预热至160℃的烤箱中烘烤20分钟。

The Basics

杯子蛋糕糊

# 香草戚风的创新 可可戚风

以Ciappuccino蛋糕店中的香草戚风为基础，增添可可的颜色和味道，就是可可戚风。质地松软的香草戚风，增添了可可的苦涩和香甜，让味道更浓郁厚重。

可可戚风

♥ 材料 6个份

| | | |
|---|---|---|
| 蛋黄 | …………………… | 2个 |
| 砂糖 | …………………… | 10g |
| 香草油 | …………………… | 少量 |
| 色拉油 | …………………… | 30mL |
| 水 | …………………… | 30mL |
| 低筋粉 | …………………… | 42g |
| 黑可可粉 | …………………… | 4g |
| 可可粉 | …………………… | 4g |
| 泡打粉 | …………………… | 1/2小匙略少 |

蛋白霜用

| | | |
|---|---|---|
| 蛋白 | …………………… | 2个 |
| 砂糖 | …………………… | 25g |

♥ 制作要点

做法与基础香草戚风相同。

将粉类过筛时，要将可可粉一起混合过筛，这样可可戚风就做好了。

为了呈现黑色，可以将黑可可粉和普通可可粉混合，如果买不到黑可可粉，也可以只使用普通的可可粉。

使用可可戚风的蛋糕

本书中的黑裙子（p51）、情人节（p77）、复活节彩蛋（p81）等，使用的就是这款蛋糕。

黑裙子

情人节

复活节彩蛋

杯子蛋糕糊

# 魔鬼蛋糕的做法

来挑战一下这款和可可戚风完全不同的可可蛋糕吧。蛋糕糊内放入了熔化的巧克力，非常奢侈，而且会使蛋糕的味道厚重浓郁。使用巧克力时的温度，是制作成功的关键。

魔鬼蛋糕

### 使用魔鬼蛋糕的蛋糕

本书中的岩石路（p35）、凡尔赛玫瑰（p37）、薄荷冰激凌蛋糕（p45）等，使用的就是这款蛋糕。

岩石路

凡尔赛玫瑰

薄荷冰激凌蛋糕

♥ 开始前的准备工作

● 将低筋粉、盐、可可粉、小苏打混合过筛。
● 烤箱预热至180℃。
● 将黄油放置室温下回温。
● 牛奶和柠檬汁混合均匀。

♥ 材料 6个份

| | |
|---|---|
| 黄油 | 45g |
| 砂糖 | 70g |
| 巧克力 | 30g |
| 鸡蛋 | 1个 |
| 香草油 | 少量 |
| 低筋粉 | 60g |
| 盐 | 1小撮 |
| 可可粉 | 10g |
| 小苏打 | 1小匙 |
| 牛奶 | 15mL |
| 柠檬汁 | 1mL |
| 水 | 60mL |

♥ 制作要点

加水时，夏季使用常温水，冬季使用加热到人体温度的水。

♥ 做法

① 将黄油、砂糖搅拌到颜色发白、变得松软。

② 将巧克力隔水加热熔化。

③ 巧克力放凉后倒入1内。这时，要将巧克力放凉至接近人体温度再放入。如果趁热放入，黄油会熔化。

④ 分3次放入鸡蛋和香草油，每次都搅拌均匀。

⑤ 放入混合均匀的牛奶和柠檬汁，搅拌均匀。

⑥ 一边搅拌一边一点点地放入一半的水，搅拌均匀。

⑦ 将一半的低筋粉、盐、可可粉和小苏打，用粉筛筛入碗内，用刮刀继续搅拌。

⑧ 一边搅拌一边筛入剩余的粉类，搅拌均匀。倒入剩余的水，搅拌均匀。

⑨ 将搅拌好的蛋糕糊用汤匙舀入模具，放至约八分满。如果用冰激凌勺会更方便。

⑩ 将模具放入预热至180℃的烤箱中烘烤20分钟。

杯子蛋糕糊

# 红丝绒蛋糕的做法

可可味道的蛋糕糊发源于美国南部。以前，红丝绒蛋糕使用红甜菜等天然食材来上色，下面介绍使用红色素上色的做法，红色素很容易在糕点材料商店中买到。

红丝绒蛋糕

**使用红丝绒蛋糕的蛋糕**

本书中的平安夜（p99）即使用这款蛋糕。

平安夜

❤ 开始前的准备工作

● 将低筋粉、可可粉和盐混合均匀。

● 烤箱预热至160℃。

● 将黄油放置室温下回温。

❤ 材料 6个份

| | |
|---|---|
| 黄油 | 65g |
| 黄砂糖 | 180g |
| 鸡蛋 | 1个 |
| 红色素 | 1大匙 |
| 香草油 | 少量 |
| 低筋粉 | 180g |
| 可可粉 | 8g |
| 盐 | 1小撮 |
| 小苏打 | 1/2小匙 |
| 醋 | 1小匙 |
| 水 | 140mL |

❤ 制作要点

这里使用的是方便操作的红色素，当然也可以使用能够上色的天然食材。

但是使用天然食材，因为成分的略微差异，口感、味道、蛋糕糊的膨胀程度都会不同。

另外，天然色素上色较弱，难以上成图片中的这种颜色。

这款蛋糕使用的砂糖是黄砂糖。与白砂糖相比，黄砂糖有着焦糖般独特的味道，增添些许苦味，反而会加深蛋糕本身的香甜。黄砂糖的颜色，对红丝绒这种深色的蛋糕不会产生影响。

♥ 做法

1 黄油、黄砂糖用打蛋器搅拌到颜色发白、变得松软。

2 将鸡蛋、香草油、红色素分3次放入，每次都搅拌均匀。

3 将一半的低筋粉、可可粉和盐，用粉筛筛入碗内，搅拌均匀。

4 一边搅拌一边一点点地倒入一半的水，搅拌均匀。

5 一边搅拌一边筛入剩余的粉类，搅拌均匀。

6 倒入剩余的水继续搅拌。如果颜色较浅，可以再放适量红色素调整颜色。烘烤时会略微褪色，所以此时最好将颜色调深一些。

7 将醋和小苏打混合均匀，倒入6内搅拌均匀。

8 将搅拌好的蛋糕糊舀入模具，放至九分满。将模具放入预热至160℃的烤箱中烘烤20分钟。

The Basics
杯子蛋糕糊

# 胡萝卜蛋糕的做法

口感独特的胡萝卜蛋糕，制作时使用了大量的胡萝卜和核桃仁。胡萝卜蛋糕可以装饰一下做成杯子蛋糕，也可以不用装饰直接食用，味道都很好。制作的关键是，将隔水加热的蛋糕糊打发到完全放凉。

胡萝卜蛋糕

### 使用胡萝卜蛋糕的蛋糕

本书中的纽约胡萝卜蛋糕（p59），使用的就是这款蛋糕。

纽约胡萝卜蛋糕

### ❤ 开始前的准备工作

- 将低筋粉、肉桂粉、泡打粉、小苏打混合均匀。
- 烤箱预热至170℃。
- 胡萝卜磨成粗末。

- 将核桃仁放入预热至160℃的烤箱中烘烤15分钟，放凉后切粗末。

### ❤ 材料 6个份

| | |
|---|---|
| 鸡蛋 | 1个 |
| 黄砂糖 | 80g |
| 香草油 | 少量 |
| 盐 | 1小撮 |
| 色拉油 | 90mL |
| 低筋粉 | 70g |
| 泡打粉 | 1/2小匙 |
| 小苏打 | 1/2小匙略少 |
| 肉桂粉 | 1/2小匙略少 |
| 胡萝卜 | 60g |
| 核桃仁 | 30g |

### ❤ 制作要点

将蛋糕糊隔水加热撤下后，用打蛋器充分打发到面糊完全放凉。如果没有打发到完全放凉，面糊容易消泡，蛋糕也容易塌陷。如果蛋糕糊塌陷，一经烘烤，蛋糕也会收缩。

♥ 做法

① 一边将鸡蛋、黄砂糖、香草油和盐隔水加热，一边用打蛋器搅拌。隔水加热期间，要不断搅拌，以免鸡蛋被煮熟。

② 将蛋糕糊加热到接近人体温度后，从火上撤下，用打蛋器打发到颜色发白、面糊变凉。最好使用电动打蛋器。

③ 倒入色拉油搅拌均匀。

④ 撤下打蛋器，改用橡皮刮刀，放入粗末的胡萝卜和核桃仁。然后筛入混匀的低筋粉、泡打粉、小苏打和肉桂粉。

⑤ 用力搅拌到看不见生粉。

⑥ 将蛋糕糊搅拌均匀后，舀入模具中，放至十分满。将模具放入预热至170℃的烤箱中烘烤20分钟。

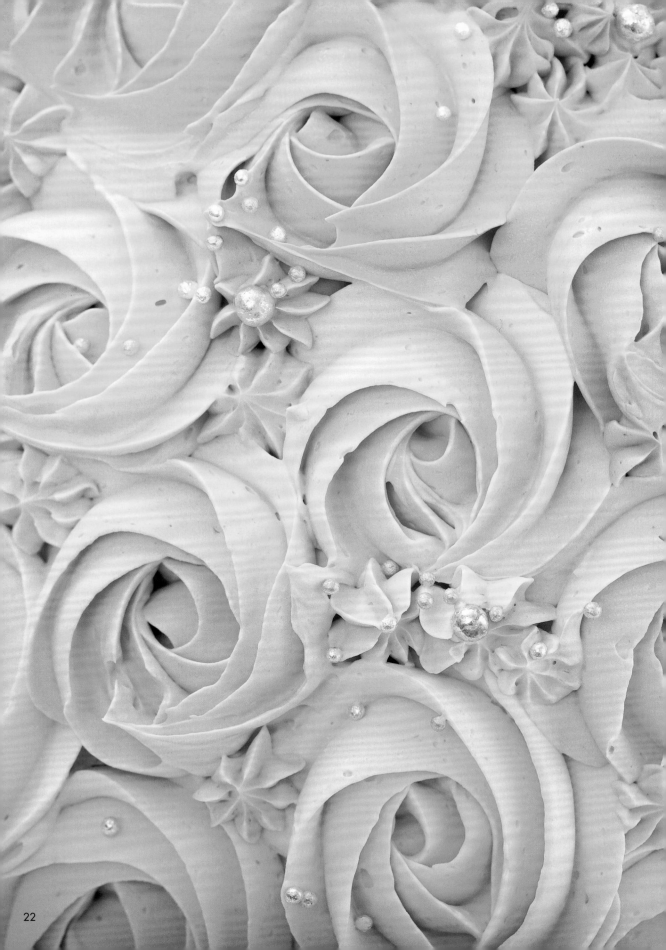

# *The Creams*

## SECTION

# 2

♥

## 杯子蛋糕的奶油

奶油用来包裹、装饰杯子蛋糕。基础奶油分为黄油奶油和打发奶油。稍加创新，就会得到各种不同的奶油。掌握了这些技巧之后，就尽情展现你自己的创意和品味吧！

# 杯子蛋糕的奶油
# 分为哪几种？

杯子蛋糕的魅力在于，同一种蛋糕胚，搭配不同的奶油，就能变换出无限的花样。
这里介绍搭配杯子蛋糕的代表性奶油。

## Butter Cream
## 黄油奶油

　　30年前，制作蛋糕的主流就是使用黄油奶油。使用纯正的黄油认真制作，蛋糕的味道更浓郁深厚。黄油奶油的状态非常稳定，最适合用来做装饰；虽然味道有些浓郁厚重，但使用蛋白霜，口感就会轻盈一些。

　　另外，制作Ciappuccino蛋糕的黄油奶油不使用蛋黄，所以余味比较清爽，适合搭配巧克力、果仁等味道浓郁的东西。

## Whipped Cream
## 打发奶油

　　打发奶油最常用，可用于整个蛋糕的制作。

　　将牛奶含有的脂肪分离，凝缩成淡奶油，然后用打蛋器打发，混入大量空气，做成柔软的打发奶油。打发奶油有着浓浓的奶香，味道柔和，虽然有很多种搭配，但和水果最搭。Ciappuccino蛋糕的奶油中放入了果酱，大多搭配使用水果的杯子蛋糕。

## Cream Cheese Frosting
## 奶油奶酪霜

　　在美国，只要提到杯子蛋糕，很多人就会想到奶油奶酪霜，这是一款经典奶油。

　　说起奶油霜，指的就是覆在杯子蛋糕表面奶油状的霜。

　　在奶油奶酪中放入糖粉和黄油做成的奶油奶酪霜，会让你一见倾心，味道惊艳。

　　奶油奶酪霜适合搭配胡萝卜蛋糕、红丝绒蛋糕。

The Creams
**7**
杯子蛋糕的
奶油

# 基础黄油奶油的做法

要精致地装饰蛋糕时，这款奶油更方便操作，味道也好，是一款适合任何蛋糕的万能奶油。掌握了黄油奶油的做法，就能组合出各种不同的杯子蛋糕了。制作的关键在于充分打发蛋白霜。

黄油奶油

---

## 要点

### 瑞士蛋白霜和意式蛋白霜的不同

虽然放入黄油奶油的蛋白霜有很多种，但其中最具代表性的就是瑞士蛋白霜和意式蛋白霜。

将蛋白和砂糖隔水加热做成的蛋白霜，叫做瑞士蛋白霜。放入热糖浆做成的蛋白霜，叫做意式蛋白霜。瑞士蛋白霜黏度较高，稳定性更好。意式蛋白霜也有稳定性，但要比瑞士蛋白霜口感更轻盈。

制作黄油奶油时，建议使用意式蛋白霜，让成品更柔软，但需要温度计，而且比瑞士蛋白霜制作复杂，适合掌握糕点制作知识的人。

另外，戚风蛋糕糊等使用的只需打发蛋白和砂糖做成的蛋白霜，叫做新鲜蛋白霜。

---

# 使用瑞士蛋白霜

♥ 开始前的准备工作

● 将黄油放置室温下回温。

♥ 材料 杯子蛋糕约15个

| | |
|---|---|
| 蛋白 | 85g |
| 砂糖（蛋白霜用） | 70g |
| 黄油 | 225g |

♥ 做法

① 将黄油搅拌成发蜡状。

② 制作蛋白霜。另取一盆，一边将蛋白和砂糖隔水加热，一边用打蛋器搅拌。蛋白和砂糖隔水加热期间，要不断搅拌，以免鸡蛋被煮熟。

③ 加热到50℃以后离火，打
发到变凉，做成蛋白霜。可
以用手持电动打蛋器，也可
用立式搅拌机，用手打发既
耗费时间，奶油的成品也容
易变软，最好使用电动搅拌
机。

④ 打发到有坚硬的小角立起就
可以了。

⑤ 分两次放入搅拌到发蜡状的
黄油，每次都搅拌均匀，搅
拌到顺滑就可以了。

▼

▼

# 使用意式蛋白霜

### ♥ 开始前的准备工作

● 将黄油放置室温下回温。

### ♥ 材料 杯子蛋糕约15个

砂糖························ 75g
水··························· 25mL
蛋白······················· 75g
砂糖（蛋白霜用）··········· 13g
黄油······················· 225g

### ♥ 做法

① 将黄油搅拌成发蜡状。

② 将砂糖和水放入锅内，不经
搅拌直接加热。如果搅拌，
砂糖就会结晶，不能形成糖
浆了。

③ 将蛋白和砂糖打发到有坚硬
的小角立起。糖浆也是用砂
糖做成的，放入蛋白霜中，
蛋白霜会更硬实，方便操
作。

④ 将温度计插入加热的糖浆
内，加热到118℃就煮好
了，分3次从蛋白霜的边缘
一点点倒入热糖浆，每次都
用打蛋器搅拌均匀。

⑤ 打发到蛋白霜变凉。

⑥ 分两次放入搅拌成发蜡状的
黄油，每次都搅拌均匀。

⑦ 搅拌到顺滑就可以了。

---

要点

## 隔水加热的做法

　　虽然在一般情况下，较小的碗放入沸腾的热水锅内会自动浮上
来，但仍推荐使用像p25图片这种比锅略大的盆。否则，沸腾的水蒸
气会跑到碗内混合在蛋白霜里。

试着使用基础的黄油奶油，做出各种各样的奶油吧。

| Chocolate Cream | Pistachio Cream | Peanut Butter Cream |
| --- | --- | --- |
| **巧克力奶油** | **开心果奶油** | **花生黄油奶油** |

**材料** 6个份

黄油奶油……………… 100g

巧克力………………… 30g

**做法**

1 将巧克力熔化，放凉到人体温度。

2 在黄油奶油中放入巧克力，搅拌均匀。

**制作要点**

如果放入热巧克力，奶油容易变软，所以一定要放凉至人体温度再搅拌。

**材料** 6个份

黄油奶油……………… 100g

开心果泥……………… 10g

**做法**

1 在黄油奶油中放入开心果泥，搅拌均匀。

**制作要点**

市售的开心果泥，有绿色，也有茶褐色，这里使用的是绿色的。

**材料** 6个份

黄油奶油……………… 100g

花生黄油……………… 60g

**做法**

1 将花生黄油放置室温下回温，软化到容易搅拌的程度。

2 在黄油奶油中放入花生黄油，搅拌均匀。

**制作要点**

如果花生黄油略硬，可以用微波炉加热，但太热又会使奶油容易变软，因此要注意不要加热过度。

要点

### 奶油变软会怎么样？

如果奶油变软就会难以挤出，要放入冰箱冷藏一会儿。如果巧克力或花生黄油太冷又会容易凝固，需边观察状态边继续搅拌，来调整硬度。

The Creams
**1**
杯子蛋糕的
奶油

# 基础打发奶油的做法

淡奶油放入砂糖，做成柔软简单的打发奶油。
要注意奶油不要过度打发，以免出现分离。

打发奶油

♥ **做法**

① 淡奶油内放入砂糖。

② 为了避免奶油温度上升，碗底浸入冰水中，打发到有小角立起。

♥ **材料** 杯子蛋糕约20个

乳脂含量38%的淡奶油……　500mL
砂糖………………………………　65g

♥ **制作要点**

● 需要放入果酱时，先将奶油充分打发，放入果酱后再搅拌。奶油打发过度容易变得干巴巴的，所以打发到略柔软就可以了。

● 奶油不耐高温，所以不要将碗从冰水中拿出来。放在常温下，奶油容易分离，也会损伤品质。

将简单的打发奶油混入果酱，做成水果味的奶油。

Strawberry Cream
## 草莓奶油

Blueberry Cream
## 蓝莓奶油

Cookie Cream
## 饼干奶油

**材料** 6个份

| | |
|---|---|
| 打发奶油…………… | 200g |
| 草莓酱…………… | 40g |

**做法**

1 将打发奶油打发到约六分发。

2 放入草莓酱，打发到有小角立起的程度。

3 颜色较浅时可以放入红色素。

**制作要点**

充分打发后放入果酱，奶油就会因搅拌过度而变得干巴巴的，打发到约六分发时放入果酱即可。

**材料** 6个份

| | |
|---|---|
| 打发奶油…………… | 200g |
| 蓝莓酱…………… | 40g |

**做法**

1 将打发奶油打发到约六分发。

2 放入蓝莓酱，打发到有小角立起的程度。

3 颜色较浅时可以放入红色素和蓝色素。

**制作要点**

和草莓奶油一样，要注意搅拌的程度。关键在于打发到较软的状态时，就放入果酱。

**材料** 6个份

| | |
|---|---|
| 打发奶油…………… | 200g |
| 可可饼干…………… | 30g |

**做法**

1 将可可饼干放入食物料理机打成粉末。或者放入较厚的塑料袋中，用擀面棒擀碎。

2 将打发奶油打发到约六分发。

3 放入擀碎的可可饼干，打发到有小角立起的程度。

**制作要点**

放入可可饼干后再搅拌，如果搅拌过度奶油容易干巴巴的，所以要在打发奶油较软时就放入可可饼干。

※使用果肉较大的果酱时，不容易搅拌出顺滑的奶油，所以要提前过滤。

The Creams
7
杯子蛋糕的
奶油

# 奶油奶酪霜的
# 做法

做奶油奶酪霜的要点，就是要温柔地打发。
浓郁厚重的奶油奶酪霜因为含有大量空气，所以
口感比较轻盈。

奶油奶酪霜

♥ 开始前的准备工作

● 将黄油放置室温下回温。

♥ 材料 杯子蛋糕约20个

奶油奶酪······················ 250g
糖粉·························· 125g
黄油·························· 125g
香草精······················ 1/2小匙

♥ 做法

① 将奶油奶酪用微波炉加热至柔软。

② 将黄油打发到发蜡状。

③ 奶油奶酪和糖粉混合均匀。

④ 用打蛋器搅拌到没有疙瘩。

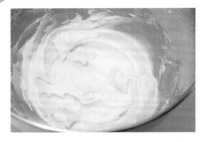

⑤ 放入发蜡状的黄油和1/2小匙香草精，
用打蛋器搅拌到颜色发白、变得松软。
电动打蛋器要比用手打发得更柔软顺
滑。

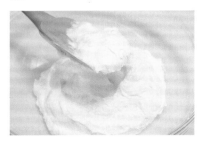

# 必备工具

使用可爱的工具，做杯子蛋糕都更有乐趣了呢。

这里介绍一下制作杯子蛋糕必备的基础工具。

**奶酪磨碎器**

不仅可以磨碎奶酪，胡萝卜等糕点材料都可以用其磨碎，非常方便。

**碗**

搅拌面糊时使用。备有大小两个会更方便。

**电动打蛋器**

**（手持型和立式型都可以）**

虽然没有也可以，但有的话会提升效率，成品也会更好，特别建议初学者使用。

**打蛋器**

搅拌黄油，或者打发奶油时使用。

**橡皮刮刀**

搅拌面糊时或者舀取奶油时使用。

**粉筛**

过筛材料时使用。

**纸托**

烘烤蛋糕时使用。可以选择自己喜欢的颜色和图案。

**玛芬模具**

烘烤蛋糕时使用。本书使用的是底部直径5cm的模具。因为有不粘涂层，所以难以沾染污渍。

## 挤奶油时的裱花嘴

装饰杯子蛋糕必不可少的，就是裱花袋和裱花嘴。这里介绍两种常用的裱花嘴。

**圆形裱花嘴**

将奶油挤成圆球时使用。本书使用的是花嘴直径1cm和1.5cm的两种。

**星形裱花嘴**

将奶油挤成锯齿形时使用。本书主要使用花嘴有5齿的星形裱花嘴，根据个人喜好，也可以选择锯齿更细的。一般就是像画圆一样，挤1~2圈。

# *Ciappuccino's Cakes*

SECTION

# 3

♥

## 制作Ciappuccino蛋糕店中的
## 杯子蛋糕

Ciappuccino蛋糕店中鲜艳小巧的杯子蛋
糕，非常适合用于简单的聚会或者作为
小礼物。本章中介绍的是Ciappuccino蛋
糕店中的招牌杯子蛋糕，操作简单，配
方通俗易懂。一起来挑战一心向往的
"那个杯子蛋糕"吧。

Rocky Road
# 岩石路

Rocky Road直译就是"岩石路"，是美国的一款经典糕点。
正如其名，棉花糖和果仁裹上巧克力就像布满岩石的道路一样。
Ciappuccino蛋糕中常用奶油来呈现凹凸不平的状态。

## 材料 6个份

**魔鬼蛋糕（p16）**············ 6个
**基础黄油奶油（p25）**··· 150g
巧克力······················ 20g
装饰用碧根果仁·············· 20g
（放入预热至160℃的烤箱中烘
烤10分钟，放凉后切碎）
棉花糖·····················12颗

## 做法

1 烘烤魔鬼蛋糕。

2 制作基础黄油奶油。

3 在装有直径1cm裱花嘴的裱花袋中，放入基础黄油奶油并在魔鬼蛋糕上挤出直径约1cm的小球，挤约15个。

4 将熔化的巧克力装入锥形裱花袋中（做法参考p49），将裱花袋的尖端垂直剪开直径5mm的小口，从上方垂直挤落。

5 在巧克力凝固前，撒上碧根果仁，放上棉花糖。

## 装饰要点

♥ 锥形裱花袋的尖端剪出大口，巧克力垂直落下，但不成线状，非常可爱。

使用彩色棉花糖，显得
更时尚。没有小棉花糖
时，可以将大棉花糖切
成1cm小块使用。

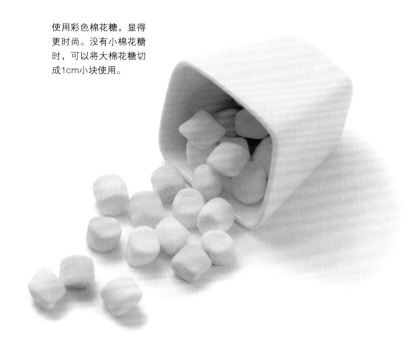

*Ciappuccino's*
*Cakes*
Versailles Rose

Versailles Rose

# 凡尔赛玫瑰

这是一款优雅细腻的杯子蛋糕。
巧克力奶油上盛开了一朵玫瑰。
玫瑰奶油中加入了玫瑰香精，香气袭人。
现在挑战一下略微复杂的玫瑰裱花吧。

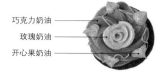

## 材料 6个份

| | |
|---|---|
| **魔鬼蛋糕（p16）** ………… | 6个 |
| **基础黄油奶油（p25）** … | 200g |
| 巧克力…………………… | 30g |
| 开心果泥………………… | 5g |
| 玫瑰香精………………… | 适量 |
| 红色素…………………… | 适量 |

## 做法

1 烘烤魔鬼蛋糕。

2 制作基础黄油奶油。100g基础黄油奶油中放入30g熔化的巧克力，制作巧克力奶油（p27）。

3 50g基础黄油奶油中放入5g开心果泥，制作开心果奶油（p27）。（用于玫瑰的叶子和藤蔓）

4 剩余的基础黄油奶油中加入适量玫瑰香精和红色素，制作玫瑰奶油。（用于玫瑰花瓣）

5 将巧克力奶油装入带有星形裱花嘴的裱花袋中，在蛋糕上挤2圈。

6 用玫瑰奶油挤成玫瑰。（参考下方专栏）

7 将挤好的玫瑰放在巧克力上。

8 将开心果泥装入锥形裱花袋（做法参考p49）中，挤成藤蔓。

9 将锥形裱花袋尖端剪成三角形，挤成叶子。

## 装饰要点

♥ 如果玫瑰奶油量较少就会难以挤出，在裱花袋中要多放一些。

♥ 如果难以买到绿色开心果泥，可以用抹茶粉代替。

---

**专栏**

## 玫瑰的做法

1 花嘴叫做"玫瑰花嘴"，用来将奶油挤出褶皱。左手拿着的，叫做花台。边旋转花台，边挤出小小的花芯。边旋转花台，边从内侧向外挤出奶油，就像是把花芯包裹起来一样。

2 均匀地挤出4~5片花瓣后，用刮刀或者刀子谨慎地移到奶油上。

3 将开心果泥放入锥形裱花袋，首先描绘纤细的藤蔓。然后将锥形裱花袋的尖端两边斜着剪开，尖端就像剑尖一样，将奶油挤成叶子。

Ciappuccino's
Cakes
Raspberry
Pistachio

Raspberry Pistachio
# 覆盆子开心果蛋糕

粉色的覆盆子和绿色的开心果构成这款新鲜的杯子蛋糕。
酸甜可口的覆盆子和香气浓郁的开心果相得益彰。

## 材料 6个份

**香草戚风蛋糕（p12）** …… 6个
**基础打发奶油（p28）** ·· 200g
覆盆子酱………………… 20g
开心果泥………………… 10g
开心果（切碎末）………… 15g
装饰用白巧克力………… 20g
巧克力用红色素………… 适量

## 做法

**装饰用巧克力**

1 将装饰用白巧克力熔化，用巧克力用红色素染成粉色。

2 将粉色的巧克力装入锥形裱花袋中（做法参考p49），将裱花袋的尖端垂直剪开直径约1mm的开口，随意地在油纸上挤出直径约1cm的旋涡状，做成装饰用巧克力。

3 制作香草戚风蛋糕。

4 制作基础打发奶油。

5 100g基础打发奶油中放入覆盆子酱，制作覆盆子奶油。

6 100g基础打发奶油中放入开心果泥，制作开心果奶油。

7 将覆盆子奶油装入带有星形裱花嘴的裱花袋，在蛋糕上挤1圈。

8 将开心果奶油装入带有星形裱花嘴的裱花袋，在覆盆子奶油上挤1圈。

9 撒上开心果碎。插上提前做好的装饰用巧克力。

## 装饰要点

♥ 如果介意覆盆子的颗粒感，可以把覆盆子酱过滤一下，也可以使用果泥，这样会更顺滑。

♥ 市售的开心果泥分为绿色和茶褐色两种，这里使用的是绿色的开心果泥。

Ciappuccino's
Cakes
Cookies & Cream

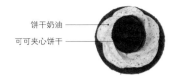

饼干奶油
可可夹心饼干

*Ciappuccino's Cakes*
Cookies & Cream

Cookies & Cream
# 奶油曲奇蛋糕

有一款经典的冰激凌，叫做奶油曲奇冰激凌。
可可味道浓郁的巧克力饼干与大量的奶油完全融合制成饼干奶油。
大家都喜欢这种味道，虽然简单却令人念念不忘。

## 材料 6个份

| | |
|---|---|
| **魔鬼蛋糕（p16）** ………… | 6个 |
| **基础打发奶油（p28）** … | 100g |
| 可可饼干碎…………………… | 15g |
| 迷你可可夹心饼干………… | 6个 |

## 做法

1 制作魔鬼蛋糕。

2 制作基础打发奶油。

3 100g基础打发奶油中放入可可饼干碎，制作饼干奶油（p29）。

4 将饼干奶油装入带有星形裱花嘴的裱花袋中，在蛋糕上挤1圈。

5 放上迷你可可夹心饼干。

## 装饰要点

♥ 奶油过度搅拌，饼干碎会和奶油融合变成黑色，因此要尽量减少搅拌
次数。

装饰用的迷你可可夹
心饼干。超市里可以
买到。

Peanut Butter & Jelly
# 花生酱果酱蛋糕

提起美国的小孩子们最喜欢的甜点，一定就是花生酱和果酱三明治了。
将这种经典的味道借鉴到杯子蛋糕的制作中，就做成了这款蛋糕。
做自己喜欢的果酱蛋糕也很有趣哦。

## 材料 6个份

| | |
|---|---|
| **魔鬼蛋糕（p16）** ………… | 6个 |
| **基础黄油奶油（p24）** … | 200g |
| 花生酱…………………… | 60g |
| 果酱……………………… | 20g |
| 装饰用花生……………… | 15g |

（放入预热至160℃的烤箱中烘
烤10分钟，放凉后切碎）

## 做法

1 烘烤魔鬼蛋糕。

2 制作基础黄油奶油。

3 100g基础黄油奶油中放入60g花生酱，制作花生酱奶油。

4 在装有直径1cm细口花嘴的裱花袋中，放入花生酱奶油，在蛋糕上
挤4圈。

5 将果酱装入锥形裱花袋（参考p49）中。将裱花袋的尖端垂直剪开
直径约5mm的小口，将果酱垂直挤在奶油上。

6 撒上花生碎。

## 装饰要点

♥ 如果果酱太稀，多煮一会儿熬干水分就可以了。

♥ 花生也可以使用事先加工好的花生碎。

选择自己喜欢的果酱。
Ciappuccino蛋糕店中
使用的是有机果酱。不
添加人工甜味剂，所以
味道十分柔和。

*Ciappuccino's*
*Cakes*
Mint Ice Cream

Mint Ice Cream
# 薄荷冰激凌蛋糕

巧克力薄荷奶油上撒上彩色糖针，真的就像是清凉的冰激凌。
将巧克力棒当作勺子，插在冰激凌上就好了。

**材料** 6个份

| | |
|---|---|
| **魔鬼蛋糕（p16）**……… | 6个 |
| **基础黄油奶油（p24）**… | 100g |
| 巧克力………………… | 15g |
| 薄荷油………………… | 适量 |
| 彩色糖针……………… | 20g |
| 巧克力棒……………… | 6根 |

**做法**

1 烘烤魔鬼蛋糕。

2 制作基础黄油奶油。

3 100g基础黄油奶油中放入适量薄荷油和切碎的巧克力，制作巧克力薄荷奶油。

4 将巧克力薄荷奶油装入带有星形裱花嘴的裱花袋中，在魔鬼蛋糕上挤2圈。

5 撒上彩色糖针。

6 插入巧克力棒。

**装饰要点**

♥ 巧克力碎容易堵塞花嘴，因此最好选择开口较大的花嘴。

♥ 巧克力棒也可以用市售棒状的巧克力代替。

专栏

## 彩色糖针

　　彩色糖针是用来包装或装饰的一种巧克力，颜色多彩，约5mm粗的小圆柱。

　　除了杯子蛋糕，彩色糖针也常用于冰激凌、饼干的装饰等。

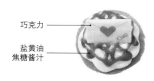

巧克力
盐黄油
焦糖酱汁

*Ciappuccino's Cakes*
Ciappuccino

Ciappuccino
# 夏布奇诺

夏布奇诺直接用店的名字命名，是我的蛋糕店中一款代表性的杯子蛋糕。
决定味道的关键，就是私家制作的盐黄油焦糖酱汁。
现在就把我的蛋糕店中秘传的配方，悄悄地教给大家。

## 材料 6个份

**香草戚风蛋糕（p12）** …… 6个
**基础打发奶油（p28）** … 200g
盐黄油焦糖酱汁（p48）… 20g
字母巧克力………………… 6片

## 做法

1 烘烤香草戚风蛋糕。

2 制作基础打发奶油。

3 将打发奶油装入带有星形裱花嘴的裱花袋中，在蛋糕上挤2圈。

4 将盐黄油焦糖酱汁装入锥形裱花袋（参考p49），将裱花袋的尖端垂直剪开约1mm的小口，将酱汁挤在奶油上挤成格子状。

## 装饰要点

♥ 我的蛋糕店中的夏布奇诺，放上了原创的字母巧克力，也可以什么都不放，或者用自己喜欢的糖粒装饰（参考p79）。

Ciappuccino蛋糕店中
原创的字母巧克力。只
需放在蛋糕上，氛围就
为之一变。

将奶油挤在蛋糕上时，注意
不要挤出来。挤2圈要比挤
1圈更精致，也容易保持平
衡。

锥形裱花袋中装入焦糖酱
汁，尖端剪成细口，用酱汁
画出格子模样。

## 盐黄油焦糖酱汁的做法

材料 约600mL

砂糖·························· 220g
水···························· 55mL
淡奶油·······················300mL
黄油·························· 30g
盐···························· 4g

这是方便制作的量。实际使用的很
少，可以做好备用。

② 一点点地倒入300mL温热的淡奶油。
※注意焦糖容易飞溅。

① 220g砂糖和55mL水放入锅内加热，煮
到呈焦褐色。

③ 关火，放入30g黄油和4g盖朗德盐（做
法见下方），搅拌均匀，静置放凉直到
顺滑。

**要点**

### 盖朗德盐是什么？

在法国西海岸布列塔尼地区的盖朗德盐田生产的盐被称为盖朗德盐。

9世纪以来，制盐人恪守祖先传下来的制法，只用阳光和风力让海水慢慢结晶成盐，手工制作的海盐充满了收获的味道。法式料理的著名主厨们也纷纷给予很高的评价。

盖朗德盐除了含氯化钠，还含有大量矿物质，比如镁。大西洋温和的风和阳光，让海水慢慢地结晶，虽然花费时间较长，但也吸收了大量的矿物质。这些矿物质让盖朗德盐更美味。

虽然可以用普通食盐代替，但放入盖朗德盐的蛋糕味道会更好，一定要试一下。

锥形裱花袋是指卷成动物的角的形状做成的裱花袋，尤其是指自己用纸制作的。与布制裱花袋和金属花嘴这种组合相比，锥形裱花袋能挤出纤细的线，在需要用焦糖酱汁挤出纤细的图案时使用。开口的剪法决定了挤出的线的形状和粗细。

1 使用烘焙纸。用剪子从长方形纸一角的靠内侧处剪开，一直斜着剪到对边距角约5cm处。

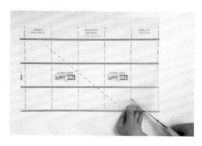

2 这是剪好的状态。感觉就像是直角三角形的一个角变平一样。

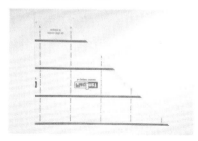

3 从三角形不尖的部分开始，以长边（刚剪开位置）的中间为支点卷起。

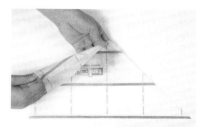

4 这是卷好的状态。这时尖端还是紧紧闭合的。

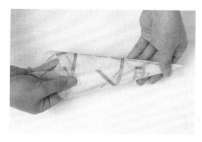

5 将锥形裱花袋的收尾处向内侧折，固定好。

6 完成状态。这样放开手，也能保持完好的锥型。
尖端用剪子剪成直角。根据要挤的材料，变换开口的位置来调整粗细。

Black Dress
# 黑裙子

纯白的打发奶油用纯黑的巧克力装饰，
蛋糕的外形就像是身着黑裙子的贵妇。
最后放上盐的结晶，整体提味。

## 材料 6个份

**可可戚风蛋糕（p15）** …… 6个
**基础打发奶油（p28）** … 200g
巧克力……………………… 100g
黑可可粉…………………… 20g
色拉油……………………… 10mL
锥型结晶盐………………… 6粒

对于盐的结晶，Ciappuccino
蛋糕店中使用锥子形状的锥
型结晶盐。没有的话也可以
用水晶盐代替。

## 做法

1 烘烤可可戚风蛋糕。

2 制作基础打发奶油。

3 将打发奶油装入带有1.5cm圆形裱花嘴的裱花袋中，在蛋糕上挤2
 个圆球，冷冻。

4 隔水熔化的巧克力内放入黑可可粉和色拉油，搅拌均匀，过滤，制
 作装饰用黑巧克力。

5 奶油冷冻后，保持冷冻的状态，浸入装饰用的黑巧克力。

6 擦干净，以免浸入的巧克力垂落，在巧克力凝固前放上锥型结晶
 盐。

## 装饰要点

♥ 装饰的巧克力就像黑裙子，闪闪发亮的钻石用结晶盐来表示。这
 是充分考虑到成熟女性的装饰，既简单又华丽。

取出在冰箱中冷冻的杯子蛋
糕，直接倒扣将奶油部分浸
入熔化的黑巧克力中。

巧克力均匀浸满后，提起暂
时静置，待巧克力不再滴落
时，翻转立起。

在巧克力凝固前放上锥型结
晶盐。

Strawberry Balsamico
# 草莓黑醋蛋糕

将黑醋用于制作杯子蛋糕，
虽然看起来可能不太搭调，但其实味道真的很合拍呢。
草莓的甜味和黑醋的酸味相互融合，
形成清爽厚重的味道。

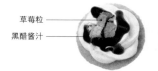

草莓粒
黑醋酱汁

*Ciappuccino's
Cakes*
Strawberry
Balsamico

## 材料 6个份

**香草戚风蛋糕（p12）** …… 6个
**基础打发奶油（p28）** … 200g
黑醋…………………… 50mL
砂糖…………………… 10g
玉米淀粉……………… 5g
冻干草莓………………18粒

## 做法

1 制作香草戚风蛋糕。

2 将黑醋、砂糖、玉米淀粉用中火煮5分钟，放凉后即是黑醋酱汁。

3 制作基础打发奶油。

4 200g基础打发奶油中放入10g 2的黑醋酱汁，制作黑醋奶油。

5 将黑醋奶油装入带有星形裱花嘴的裱花袋中，在蛋糕上挤2圈。

6 将黑醋酱汁装入锥形裱花袋中，将裱花袋的尖端垂直剪开约5mm的小口，将黑醋酱汁垂直挤在奶油上。

7 放上3粒冻干草莓。

## 装饰要点

♥ 上述黑醋酱汁的做法，标注的是方便制作的量。其实黑醋酱汁的用量很少，剩余的黑醋酱汁，可以用作肉菜的酱汁或者沙拉调味汁，都很美味。

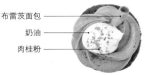

布雷茨面包
奶油
肉桂粉

*Ciappuccino's*
*Cakes*
Cappuccino

Cappuccino
# 卡布奇诺

微苦的咖啡奶油撒上肉桂粉，
做成味道厚重的卡布奇诺杯子蛋糕。
白色奶油就像卡布奇诺的奶泡，
放入巧克力的布雷茨面包就像肉桂棒。

## 材料 6个份

**魔鬼蛋糕（p16）**············ 6个
**基础黄油奶油（p24）**··· 100g
速溶咖啡粉················· 1小匙
热水····················· 1小匙
肉桂粉····················· 适量
放入肉桂粉的布雷茨面包··· 2根

## 做法

1 烘烤魔鬼蛋糕。

2 制作基础黄油奶油。

3 将速溶咖啡粉用热水溶解，搭配80g基础黄油奶油，制作咖啡奶油。

4 将咖啡奶油装入带有星形裱花嘴的裱花袋中，在蛋糕上挤1圈。

5 在装有直径1cm的圆形裱花嘴的裱花袋中，放入剩余的基础黄油奶油，挤成角状（参考p61蜜蜂的装饰）。

6 撒上肉桂粉。

7 将放入巧克力的布雷茨面包切成3cm长的条，插入奶油中。

## 装饰要点

♥ 用手指抓一小撮肉桂粉慢慢撒在蛋糕上，避免撒粉过多，这样成品看起来更干净。

Berry-Go-Round

# 旋转浆果蛋糕

草莓、覆盆子、蓝莓，
这是一款大量使用酸甜可口的浆果的杯子蛋糕。
将2种浆果奶油渐进式地挤成旋涡状，
就像是欢欣雀跃的旋转木马一样，令人欣喜万分。

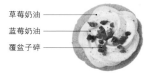

草莓奶油
蓝莓奶油
覆盆子碎

*Ciappuccino's*
*Cakes*
Berry-Go-Round

## 材料 6个份

**香草戚风蛋糕（p12）** …… 6个
**基础打发奶油（p28）** … 200g
草莓酱························· 20g
蓝莓酱························· 20g
冻干覆盆子碎················ 5g

## 做法

1 烘烤香草戚风蛋糕。

2 制作基础打发奶油。

3 100g基础打发奶油中放入草莓酱，制作草莓奶油（p29）。

4 100g基础打发奶油中放入蓝莓酱，制作蓝莓奶油（p29）。

5 将草莓奶油装入带有星形裱花嘴的裱花袋中，在蛋糕上挤1圈。

6 将蓝莓奶油装入带有星形裱花嘴的裱花袋中，在蛋糕上挤1圈。

7 撒上冻干覆盆子碎。

### 装饰要点

♥ 奶油颜色较浅时，可将草莓奶油染上红色素，蓝莓奶油染上红色素和蓝色素，来调整颜色。

草莓奶油或蓝莓奶油是在基础打发奶油中混入喜欢的浆果酱制作成的（参考p29）。我的蛋糕店使用的草莓酱和蓝莓酱都是选用的有机食品。

New York Carrot Cake

# 纽约胡萝卜蛋糕

在美国，胡萝卜蛋糕非常流行。
正宗的纽约式的食用方法，是将胡萝卜蛋糕和奶油奶酪霜搭配。
柔和香甜的胡萝卜蛋糕和略酸的奶油奶酪霜相辅相成。

开心果
巧克力

*Ciappuccino's
Cakes*
New York
Carrot Cake

**材料** 6个份

| | |
|---|---|
| **胡萝卜蛋糕（p20）** ……… | 6个 |
| **奶油奶酪霜（p30）** …… | 200g |
| 开心果（切碎末）………… | 20g |
| 装饰用白巧克力………… | 20g |
| 巧克力用红色素………… | 适量 |
| 巧克力用黄色素………… | 适量 |
| 巧克力用绿色素………… | 适量 |

**做法**

**装饰用胡萝卜**

1 装饰用白巧克力隔水加热熔化，一半用红色素和黄色素染成橙色，另一半用绿色素染成绿色。

2 将熔化的巧克力装入锥形裱花袋中，将裱花袋（参考p49）的尖端剪成直径约1mm的直角，在油纸上挤出胡萝卜的形状，制作装饰用巧克力。

3 烘烤胡萝卜蛋糕。

4 制作奶油奶酪霜。

5 将奶油奶酪霜装入带有直径1.5cm圆形裱花嘴的裱花袋中，在蛋糕上挤1圈。

6 在奶油周围撒上开心果碎。

7 再挤1圈奶油奶酪霜。

8 放上胡萝卜巧克力。

**装饰要点**

♥ 开心果要提前切碎再用，这样更方便。

**专栏**

## 制作装饰用胡萝卜

1 锥形裱花袋的尖端剪出细小的直角开口，然后装入染成橙色的巧克力奶油，在油纸上挤出约1cm长的条。尖端要粗，收尾要细，这样就做出了胡萝卜的形状。

2 另取一个锥形裱花袋，装入染成绿色的奶油，挤出叶子。

3 可以多做一些，作为漂亮的装饰使用。放入冰箱冷冻，最后放在杯子蛋糕上。

Honey Bee
# 蜜蜂蛋糕

在清爽的黄色柠檬奶油上，用蜂蜜奶油挤出蜜蜂的形状，
真的就像是蜜蜂停留在花朵上一样。
虽然插翅膀画图案非常费时，
但可爱的造型已能得满分了。

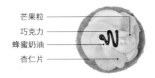

芒果粒
巧克力
蜂蜜奶油
杏仁片

## 材料 6个份

| | |
|---|---|
| **香草戚风蛋糕（p12）** | 6个 |
| **基础黄油奶油（p24）** | 100g |
| 柠檬汁 | 5mL |
| 柠檬皮屑 | 1/4个量 |
| 黄色素 | 适量 |
| 蜂蜜 | 2g |
| 杏仁片 | 12片 |

（放入预热至160℃的烤箱中烘烤10分钟，放凉切碎）

| | |
|---|---|
| 巧克力 | 10g |
| 冻干芒果 | 5g |

## 做法

1 烘烤香草戚风蛋糕。

2 制作基础黄油奶油。

3 80g基础黄油奶油中放入柠檬汁、柠檬皮屑和黄色素，制作金黄的柠檬奶油。

4 20g基础黄油奶油中放入蜂蜜，制作蜂蜜奶油。

5 将柠檬奶油装入带有星形裱花嘴的裱花袋中，在香草戚风蛋糕上挤1圈。

6 将蜂蜜奶油装入带有直径1cm圆形裱花嘴的裱花袋中，在柠檬奶油上挤出1个椭圆球。

7 将熔化的巧克力装入锥形裱花袋中，将裱花袋的尖端垂直剪开直径约1mm的开口，在蜂蜜奶油上画出蜜蜂的图案。

8 撒上冻干芒果。

9 插上2片杏仁片，当作翅膀。

## 装饰要点

♥ 蜜蜂的图案尽量画得细腻一点，将锥形裱花袋的尖端剪开小口，在蜂蜜奶油上画出图案。

---

专栏

### 蜜蜂的装饰 奶油的挤法

1 烘烤基础香草戚风蛋糕。

2 将柠檬奶油装入带有星形裱花嘴的裱花袋中，在蛋糕上挤1圈。

3 将蜂蜜奶油装入带有圆形裱花嘴的裱花袋中，在上面挤出约1cm的小球。尖端略圆，慢慢变细，挤成角的形状。最后轻轻向前拉开就好了。

*Ciappuccino's
Cakes*
Strawberry
Cheesecake

Strawberry Cheesecake
# 草莓奶油蛋糕

酸甜可口的草莓和奶油奶酪霜组合，
做成粉中有白的杯子蛋糕。
装饰的巧克力也是白粉色交夹，非常可爱。

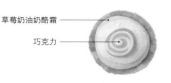

草莓奶油奶酪霜

巧克力

*Ciappuccino's Cakes*
Strawberry Cheesecake

## 材料 6个份

**香草戚风蛋糕（p12）** …… 6个
**奶油奶酪霜（p30）** …… 200g
草莓酱……………………… 20g
装饰用白巧克力…………… 20g
巧克力用红色素…………… 适量

## 做法

### 装饰用

1　装饰用白巧克力隔水加热熔化，一半用红色素染成粉色。

2　将粉色巧克力装入锥形裱花袋中，裱花袋尖端垂直剪开直径约1mm的小口，在油纸上挤出圆形。

3　等粉色巧克力凝固后，将白色巧克力装入锥形裱花袋中，将裱花袋的尖端垂直剪开直径约1mm的小口，在粉色巧克力上画出旋涡的形状，制作装饰用巧克力。

4　烘烤香草戚风蛋糕。

5　制作奶油奶酪霜。

6　100g奶油奶酪霜中放入草莓酱，制作草莓奶油奶酪霜。

7　在装有直径1.5cm圆形裱花嘴的裱花袋中，装入草莓奶油奶酪霜，在蛋糕上挤出小球。

8　另取一个裱花袋，装上同样的花嘴，装入奶油奶酪霜，在草莓奶油奶酪霜上再挤一个小球。

9　装饰上粉色巧克力。

### 装饰要点

♥　只用果酱难以上色，最好放入红色素。

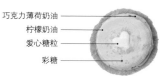

巧克力薄荷奶油
柠檬奶油
爱心糖粒
彩糖

*Ciappuccino's*
*Cakes*
Love & Peace

Love & Peace
# 爱与和平

热情的黄色，搭配稳重的蓝绿色，
放上爱心糖粒，就是一款非常可爱的杯子蛋糕。
使用了柠檬奶油和巧克力薄荷奶油2种奶油，
如果有做其他蛋糕剩余的奶油就再好不过了。

## 材料 6个份

| | |
|---|---|
| **香草戚风蛋糕（p12）** | 6个 |
| **基础黄油奶油（p24）** | 100g |
| 巧克力 | 15g |
| 薄荷油 | 适量 |
| 柠檬汁 | 3mL |
| 柠檬皮屑 | 1/8个量 |
| 黄色素 | 适量 |
| 爱心糖粒* | 6片 |
| 蓝绿色彩糖 | 10g |

*糖粒参考p79。

## 做法

1 烘烤香草戚风蛋糕。

2 制作基础黄油奶油。

3 制作巧克力薄荷奶油。50g基础黄油奶油中，放入适量薄荷油和用食物料理机搅碎的巧克力。

4 制作柠檬奶油。50g基础黄油奶油中放入柠檬汁、柠檬皮屑和黄色素。

5 在装有直径1.5cm圆形裱花嘴的裱花袋中，装入巧克力薄荷奶油，在蛋糕上挤出圆球。

6 另取一个裱花袋，装上同样的花嘴，装入柠檬奶油，在薄荷奶油上挤出圆球。

7 放上彩糖和爱心糖粒。

## 装饰要点

♥ 奶油要挤成浑圆的形状，注意不要弄坏形状。

♥ 可以将彩糖换成其他糖粒。

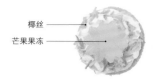

椰丝
芒果果冻

Coconut Mango

# 椰子芒果蛋糕

椰子奶油放上芒果果冻，
做成一款热情洋溢的杯子蛋糕。
烤过的椰丝和芒果果冻不同的口感相互融合，也很有趣。

## 材料 6个份

| | |
|---|---|
| **香草戚风蛋糕（p12）** …… | 6个 |
| **基础打发奶油（p28）** … | 200g |
| 芒果汁 | 100mL |
| 水 | 100mL |
| 琼脂粉* | 10g |
| 砂糖 | 30g |
| 椰子粉 | 20g |
| 椰丝** | 20g |

（放入预热至160℃的烤箱中烘
烤10分钟放凉）

*做芒果果冻用的琼脂，和吉利丁相
比更透明清凉，可以做出爽滑口感
的果冻。作为一种凝固剂，琼脂可
以在制作糕点的材料商店中买到。

**
**椰丝**
将椰子的果肉削下干燥，切成
1cm～2cm长的细丝。椰丝干燥后磨
成粉末，就成了椰子粉。

## 做法

### 芒果果冻

1 芒果汁和水混合加热，沸腾后放入混合均匀的琼脂粉和砂糖，全部
熔化后倒入模具，放凉凝固（材料中的分量并不是实际的用量，而
是为了方便制作）。

2 烘烤香草戚风蛋糕。

3 200g基础打发奶油中放入椰子粉，打发，制作椰子奶油。

4 将椰子奶油装入带有星形裱花嘴的裱花袋中，在蛋糕上挤2圈。

5 奶油周围撒上椰丝。

6 奶油中间放上放凉凝固的芒果果冻。

## 装饰要点

♥ 这里使用的芒果果冻是花朵形状的，可以选择自己喜欢的模具制
作果冻。

# 品味见真章！
# 糖霜饼干让杯子蛋糕
# 华丽变身

想要提升杯子蛋糕的华丽度，必备单品就是糖霜饼干。
这里介绍的是Ciappuccino蛋糕店中售卖的糖霜饼干。如果想自己制作可以
参考p114尝试一下。

　　将砂糖和蛋白搅拌均匀后染色做成糖霜，装饰在饼干表面，做成糖霜饼干。
只需放上糖霜饼干，杯子蛋糕立刻可爱100倍！另外，将糖霜饼干作为小礼物也
很棒哦。

　　虽然也可以根据场景或者目的自己设计制作糖霜饼干，烘烤饼干，让装饰干
燥，但会非常费精力和时间。可以巧妙利用售卖的糖霜饼干。

　　Ciappuccino蛋糕店中销售有各种各样的糖霜饼干。

提起生日就会想到
气球

组合各种颜色的
气球

流行的礼物
盒子

简单的蛋糕中
饱含心意

蕾丝装饰的
心形饼干

春季传递幸福的
蝴蝶

可以添信息的
性感的嘴唇饼干

为成熟女性准备的
高跟鞋饼干

波点和爱心彰显
可爱

杯子部分写上文字
做成独一无二的
蛋糕

一看就很开心的
笑脸

各种颜色的
杯子蛋糕

不同图案和奶油
的杯子蛋糕

男孩节的
鲤鱼旗饼干

使用彩色糖针或者
糖粒装饰的杯子
蛋糕

# Cakes for All Seasons

SECTION

# 4

♥

## 搭配季节
## 制作蛋糕

想不想做限定时间、饱含季节感的杯子
蛋糕呢？
从新年祝福到情人节，从水果丰富的夏
季、万圣节聚会到圣诞节。本章中介绍
了可以在一整年都尽享杯子蛋糕的想法。

Twinkle New Year's Eve
# 闪烁的新年前夕

从除夕到新年辞旧迎新的氛围，
非常适合搭配金色纸托和星星图案。
彩色的糖珠和闪闪发亮的星星巧克力都华丽地表示着对新年的祝福。

珍珠粉
巧克力
彩色糖珠

*Cakes for
All Seasons*
Twinkle
New Year's Eve

**WINTER**

## 材料 6个份

| | |
|---|---|
| **香草戚风蛋糕（p12）** | ⋯⋯ 6个 |
| **基础黄油奶油（p24）** | ⋯ 150g |
| 绿色素 | ⋯⋯⋯⋯⋯⋯ 适量 |
| 绿色、粉色、黄色的糖珠（将砂糖镀银箔或金箔做成的装饰材料） | ⋯⋯⋯⋯⋯⋯ 各6个 |
| 装饰用白巧克力 | ⋯⋯⋯⋯⋯ 20g |
| 巧克力用黄色素 | ⋯⋯⋯⋯⋯ 适量 |
| 金色珍珠粉 | ⋯⋯⋯⋯⋯ 适量 |
| 柠檬汁 | ⋯⋯⋯⋯⋯ 8mL |
| 柠檬皮屑 | 1/3个量 |
| 黄色素 | ⋯⋯⋯⋯⋯ 适量 |

## 做法

### 星星巧克力

1 将装饰用白巧克力隔水加热熔化，放入巧克力用黄色素，做成黄色巧克力。

2 将黄色巧克力倒入巧克力用的星型模具，放凉凝固。

3 巧克力凝固后脱模，用刷子在表面刷上金色的珍珠粉。

4 烘烤香草戚风蛋糕。

5 制作基础黄油奶油。

6 150g基础黄油奶油中放入柠檬汁、柠檬皮屑和黄色素，制作柠檬奶油，放入少量绿色素，做成黄绿色奶油。

7 将柠檬奶油装入带有星形裱花嘴的裱花袋中，在蛋糕上挤2圈。

8 将3种颜色的糖珠均匀摆在奶油上。

9 奶油的正中间放上星星巧克力。

## 装饰要点

💗 巧克力因为含有油，所以不能用普通色素（可食用红色素等）来上色。巧克力需要用专用色素，一般称为"可食用油性色素"。

💗 色素的用量从1小匙开始，边观察颜色边不断调整。

💗 巧克力用的星型模具是从制作糕点材料店购买的。买不到时，可以在铺有保鲜膜的方盘上倒上薄薄的一层熔化的巧克力，用星型压模压出造型。也可以用刀子切出形状，取出使用。

珍珠粉。装饰用的珍珠粉颗粒较细，含有光泽的粉末色素。这是在纽约的糕点材料商店发现的。

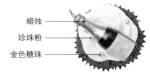

蜡烛
珍珠粉
金色糖珠

*Cakes for
All Seasons*
Pop Your Cork
**WINTER**

Pop Your Cork
# 新年香槟蛋糕

在美国为了迎接新年，在聚会或者喝酒时会准备香槟等待倒计时，
或者去看烟火，举行隆重的庆祝活动。
用糖珠和香槟来表示新年华丽的开始。

## 材料 6个份

**香草戚风蛋糕（p12）** …… 6个

**基础黄油奶油（p24）** … 150g

大颗粒金色糖珠（将砂糖镀银箔
　　或金箔做成的装饰材料）适量

金色珍珠粉（颗粒较细，有光泽
　　的粉末色素）　………适量

香槟蜡烛……………………… 6个

## 做法

1　烘烤香草戚风蛋糕。

2　制作基础黄油奶油。

3　将基础黄油奶油装入带有星形裱花嘴的裱花袋，在蛋糕上挤2圈。

4　用细笔蘸取金色珍珠粉，用手指弹一下笔尖，使其散落在奶油上。

5　将金色糖珠均匀摆在蛋糕上。

6　奶油的正中间放上香槟蜡烛。

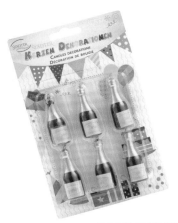

放入可爱包装里的香槟
蜡烛。

## 装饰要点

♥ **关于香槟蜡烛**

在糕点材料、工具商店中可以买到。本页使用的物品可参考书末
p126。无论如何也买不到的话，也可以用手工制作的糖霜饼干
代替。

香槟蜡烛非常适合祝贺
蛋糕。

XOXO <Hugs and Kisses>

# 情人节

情人节是一个特别的日子，这一天大家用礼物向爱人传递自己的想法。
在日本，女性向男性赠送巧克力，
但在美国，一般是男性赠送女性，或者同性朋友之间互赠。

## 材料 6个份

可可戚风蛋糕（p15）…… 6个

基础打发奶油（p28）… 200g

草莓酱…………………… 40g

糖粒（小爱心）………… 10g

爱心蛋糕插牌…………… 6个

## 做法

1 烘烤可可戚风蛋糕。

2 打发略软的基础打发奶油。

3 用2和草莓酱制作草莓奶油。如果搅拌过度，奶油会变得干巴巴的，因此在打发到略软的状态下就要放入果酱（参考p29）。

4 将草莓奶油装入带有星形裱花嘴的裱花袋中，在蛋糕上挤2圈。

5 将糖粒摆在奶油上。

6 插入爱心插牌。

## 装饰要点

♥ **蛋糕插牌**

主要插在杯子蛋糕上用来装饰。有了蛋糕插牌，更凸显主题，也使蛋糕更华丽。

蛋糕插牌可以在糕点材料商店中购买，也可以在家自制。剪开印有插画的纸，将牙签插入中间，再将两片粘起来即可。

My Little Heart

# 特别的日子

在特别的日子，
连杯子里放入什么样的蛋糕我都非常关注。
黑色、粉色、爱心、波点等女孩子最喜欢的又可爱又浪漫的素材，
全都放入这一款杯子蛋糕中。

爱心糖粒
彩糖

## 材料 6个份

**香草戚风蛋糕（p12）** …… 6个
**基础黄油奶油（p24）** … 150g
爱心糖粒（红色、粉色）…18片
粉色彩糖…………………… 15g

## 做法

1 烘烤香草戚风蛋糕。

2 制作基础黄油奶油。

3 将黄油奶油装入带有星形裱花嘴的裱花袋中，在蛋糕上挤2圈。

4 撒上粉色彩糖。

5 均匀摆上3片爱心糖粒。

## 装饰要点

♥ 根据主题和季节选择杯子，这也是制作杯子蛋糕的一种乐趣。在纪念日，使用粉色、黑色、波点图案等华丽的杯子，让蛋糕变得更华丽。

糖粒主要以砂糖和米粉为原料，颜色各异。虽然可以在制作糕点材料商店购买到，但爱心糖粒的大小不同，可以根据自己的需要自制。

彩糖是将粗糖一般的大粒砂糖染上颜色，做成的装饰材料。这里使用的是粉色彩糖，也有其他颜色的。在糕点材料商店中即可买到。

In the Nest
# 复活节彩蛋

复活节有在蛋壳上画鲜艳色彩做成彩蛋的习俗。
另外，复活节期间有寻找彩蛋的游戏，
将鸡蛋藏在庭院或室内各处，让小孩子们去找。

**材料** 6个份

**可可戚风蛋糕（p15）** …… 6个

**基础黄油奶油（p24）** … 150g

开心果泥…………………… 15g

蛋形巧克力（蛋形带图案的巧克
　　力）……………………12个

做法

1　烘烤可可戚风蛋糕。

2　制作基础黄油奶油。

3　150g黄油奶油中放入开心果泥，制作开心果奶油（p27）。

4　将开心果奶油装入带有星形裱花嘴的裱花袋中，在蛋糕上挤2圈。

5　奶油正中间放上鸡蛋巧克力（没有鸡蛋巧克力时，可以用糖衣糖果*
　　代替）。

*糖衣糖果，是将杏仁裹上一层染成白色或粉色的糖衣做成的。

装饰要点

♥ 用开心果的绿色来庆祝春季的复活节。

用蛋形巧克力来烘托复
活节的氛围。这里使用
的是类似恐龙蛋的蛋形
巧克力，中间完整地放
有一颗杏仁。

Marble Easter
# 大理石复活节

Cakes for All Seasons
Marble Easter
SPRING

在复活节期间，
美国商店里的蛋形巧克力琳琅满目。
蛋形巧克力中还会放入大理石巧克力或者饼干。
让我们用杯子蛋糕来庆祝欢欣雀跃的复活节吧。

## 材料 6个份

**香草戚风蛋糕（p12）** …… 6个
**基础黄油奶油（p24）** … 100g
巧克力……………………… 30g
大理石巧克力………………18颗
彩色糖针（参考p45）…… 20g

## 做法

1 烘烤香草戚风蛋糕。

2 制作基础黄油奶油。

3 融化的巧克力和基础黄油奶油混合均匀，制作巧克力奶油（参考p27）。

4 将巧克力奶油装入带有星形裱花嘴的裱花袋中，在蛋糕上挤2圈。

5 撒上彩色糖针。

6 均匀摆上3颗大理石巧克力。

## 装饰要点

- 等距放上不同颜色的大理石巧克力，更显可爱。
- 撒上大量彩色糖针，让颜色更鲜艳。

将容易买到的彩色大理石巧克力用来装饰蛋糕。Ciappuccino蛋糕店中使用的是天然色素染成的大理石巧克力，颜色都漂亮又时尚。

Boys' Day
# 男孩节

在日本，端午节也叫做男孩节，
是庆祝男孩子成长的日子。
虽然在美国没有过男孩节的习俗，
但也可以将男孩节过得有美式风格呢。

**材料** 6个份

**香草戚风蛋糕（p12）**⋯⋯ 6个
**基础黄油奶油（p24）**⋯ 150g
柠檬汁⋯⋯⋯⋯⋯⋯⋯⋯⋯⋯ 8mL
柠檬皮屑⋯⋯⋯⋯⋯⋯⋯ 1/3个量
黄色素⋯⋯⋯⋯⋯⋯⋯⋯⋯⋯ 适量
小车蜡烛⋯⋯⋯⋯⋯⋯⋯⋯ 6个

**做法**

1 烘烤香草戚风蛋糕。

2 制作基础黄油奶油。

3 在基础黄油奶油中放入柠檬汁、柠檬皮屑、黄色素，制作柠檬奶油。放入较多的黄色素，做成深黄色的奶油。

4 将柠檬奶油装入带有星形裱花嘴的裱花袋中，在蛋糕上挤2圈。

5 插入小车蜡烛。

装饰要点

♥ 这种蜡烛我是在纽约买到的，全都是男孩子最喜欢的小车，可能在日本很难买到。如果买不到，可以准备两张可爱的小车插画，中间插入牙签，将两张粘起来，手工制作蛋糕插牌。

Peach Melba
# 蜜桃梅尔芭

初夏买到新鲜的桃子后，
做这款水灵灵的杯子蛋糕怎么样？
将蜜桃和覆盆子的传统糕点变换为杯子蛋糕。

## 材料 6个份

| | |
|---|---|
| **香草戚风蛋糕（p12）** …… | 6个 |
| **基础打发奶油（p28）** ··· | 200g |
| 糖饯用桃子…………………… | 1/4个 |
| 砂糖…………………………… | 50g |
| 柠檬汁………………………… | 1/2个量 |
| 水……………………………… | 150mL |
| 覆盆子………………………… | 6粒 |
| 果胶…………………………… | 适量 |
| 薄荷（小双叶）…………… | 6片 |

**覆盆子酱汁用**

| | |
|---|---|
| 覆盆子果泥 ………… | 25g |
| 砂糖 ……………… | 5g |

## 做法

1 将桃子用热水焯一下。锅内放入砂糖、柠檬汁、水，放入焯过的桃子，煮成糖饯，取出放凉备用。

2 锅内放入制作覆盆子酱汁的材料加热，煮5分钟后放凉。

3 烘烤香草戚风蛋糕。

4 制作基础打发奶油。

5 在装有直径1cm圆形裱花嘴的裱花袋中装入基础打发奶油，在蛋糕上挤出约10个直径1cm的小圆球。

6 将桃子切成约3cm的块，和覆盆子放在奶油上。

7 在桃子和覆盆子上涂上果胶。

8 将覆盆子酱汁装入锥形裱花袋中，将裱花袋的尖端剪开约2mm的小口，细细地挤在桃子上。

9 装饰上薄荷。

## 装饰要点

❤ **关于桃子糖饯**

最好使用新鲜桃子，没有的话可以使用桃子罐头。

❤ **关于果胶**

装饰在蛋糕上的水果闪闪发亮，因为涂上了果胶，即使过一阵子都不会干燥。果胶在糕点材料商店中即可买到。

Cakes for
All Seasons
Crazy
Summer Orange

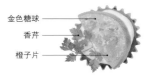

金色糖球

香芹

橙子片

Crazy Summer Orange

# 夏日之恋

鲜亮的橙色让人感受到炎炎夏日。
这款蛋糕大胆使用香味浓郁的橙子，非常适合搭配奶油奶酪霜。

## 材料 6个份

香草戚风蛋糕（p12）…… 6个

奶油奶酪霜（p30）…… 200g

金色糖珠……………………18粒

果胶（p87）……………… 适量

香芹叶……………………… 6片

**糖浆煮橙子**

| 橙子片 | …………………… 3片 |
| --- | --- |
| 砂糖 | …………………… 100g |
| 水 | …………………100mL |

## 做法

1 将橙子的皮洗净，连皮切成4mm～5mm厚的小片，用砂糖和水做成的糖浆煮10分钟，放凉后对半切开备用。

2 烘烤香草戚风蛋糕。

3 制作奶油奶酪霜。

4 在装有直径1.5cm圆形裱花嘴的裱花袋中，装入奶油奶酪霜，在蛋糕上挤2圈。

5 奶油上放上一片橙子片。

6 橙子上涂上果胶（凸显光泽）。

7 橙子上放上3粒金色糖珠。

8 橙子的一侧装饰上香芹叶。

## 装饰要点

♥ 糖珠的英语叫做dragee。使用小粒糖珠，和大胆使用的橙子形成鲜明对比，更显可爱。

Banana Split

# 巧克力香蕉蛋糕

巧克力搭配香蕉，

这是谁都会点头赞成的最佳组合吧。

在庆祝夏天到来时，巧克力香蕉蛋糕是一款经典的、大人孩子都非常喜欢的甜点。

这款蛋糕的制作要点是将香蕉焦糖化，使它变得脆硬。

焦糖香蕉
巧克力
糖粒（小糖珠）

*Cakes for All Seasons Banana Split*

SUMMER

## 材料 6个份

**香草戚风蛋糕（p12）** ······ 6个

**基础打发奶油（p28）** ··· 200g

香蕉······ 1根

砂糖······ 20g

巧克力糖浆······ 20g

糖粒（小糖珠）* ······ 10g

*小糖珠就是指颗粒较小的糖粒。

## 做法

1 烘烤香草戚风蛋糕。

2 制作基础打发奶油。

3 将香蕉切成1cm厚的片，表面撒上砂糖，将香蕉焦糖化。

4 在装有直径1cm圆形裱花嘴的裱花袋中，装入基础打发奶油，在蛋糕上挤4圈。

5 奶油上淋上巧克力糖浆，撒上糖粒。

6 奶油正中间放上焦糖香蕉。

## 装饰要点

💗 **焦糖化**

焦糖化有很多种方法，这里使用的是裹上砂糖用喷枪喷烤的方法。没有喷枪时，可以用炉灶的火将汤匙背部充分加热，烤热后压在表面，烤出烧痕。

（注意避免烫伤）

Halloween
# 万圣节

在万圣节，孩子们会装粉成幽灵、僵尸、巫女、吸血鬼、怪人等。
给变装后一直说着"Trick or Treat"（不给糖就捣蛋）的孩子们，
准备这款杯子蛋糕怎么样？

Halloween "Jack O' Lantern"

# 万圣节南瓜&吸血鬼

**材料** 6个份

| | |
|---|---|
| **魔鬼蛋糕（p16）** | 6个 |
| **基础黄油奶油（p24）** | 100g |
| 巧克力 | 30g |
| 黑可可粉 | 20g |

**南瓜灯用**

| | |
|---|---|
| 装饰用白巧克力 | 20g |
| 巧克力用红色素 | 适量 |
| 巧克力用黄色素 | 适量 |

## 做法

**南瓜灯**

1 装饰用白巧克力隔水加热熔化，放入巧克力用黄色素和红色素，做成橙色巧克力。

2 将橙色巧克力倒入南瓜灯模具中，冷却凝固。

3 烘烤魔鬼蛋糕。

4 制作基础黄油奶油。

5 基础黄油奶油中放入熔化的巧克力，制作巧克力奶油（参考p27），然后放入黑可可粉，制作黑巧克力奶油。

6 在装有直径1.5cm圆形裱花嘴的裱花袋中，装入黑巧克力奶油，在蛋糕上挤2圈。

7 放上南瓜灯巧克力。

用巧克力用色素染成橙色的巧克力倒入南瓜模具中，放入冰箱冷藏凝固，南瓜灯就做好了。

Halloween "Vampire"
# 万圣节吸血蝙蝠

## 材料 6个份

| | | |
|---|---|---|
| **魔鬼蛋糕（p16）** | ………… | 6个 |
| **基础黄油奶油（p24）** | … | 100g |
| 南瓜泥 | …………… | 50g |

**黑巧克力用**

| | | |
|---|---|---|
| 巧克力 | …………… | 15g |
| 黑可可粉 | ………… | 3g |
| 油 | …………… | 2g |

（参考p50黑裙子）

## 做法

### 蝙蝠

1 隔水加热熔化的巧克力放入黑可可粉和油，过滤，制作成黑巧克力，然后倒入方盘等平坦的器具中薄薄摊开一层，冷却凝固。

2 黑巧克力凝固后，用蝙蝠压模压出造型。

3 烘烤魔鬼蛋糕。

4 制作基础黄油奶油。

5 在基础黄油奶油中放入南瓜泥，制作南瓜奶油。

6 在装有直径1.5cm圆形裱花嘴的裱花袋中，装入南瓜奶油，在蛋糕上挤2圈。

7 放上蝙蝠巧克力。

## 装饰要点

♥ 南瓜奶油颜色较浅时，可以放入黄色素。

♥ 各自的奶油和装饰的巧克力，都是一样的黑色或者橙色，又美又有张力。

可怕的吸血鬼往往伴随着蝙蝠。将凝固的巧克力用蝙蝠压模压出造型。剩余的巧克力可以熔化后再用。

巧克力使用苦巧克力。

## Christmas Tree
# 圣诞树

圣诞节是一年当中最重要的日子。

最让人兴奋不已的就是圣诞节的象征——圣诞树。

将杯子蛋糕装饰成带有各色装饰的圣诞树形状。

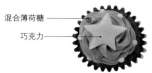

**材料** 6个份

| | |
|---|---|
| **魔鬼蛋糕（p16）** | 6个 |
| **基础黄油奶油（p24）** | 150g |
| 开心果泥 | 15g |
| 装饰用白巧克力 | 20g |
| 巧克力用黄色素 | 适量 |
| 混合薄荷糖 | 约40粒 |

**做法**

**星型巧克力**

1 将装饰用白巧克力熔化，放入巧克力用黄色素，做成黄色巧克力。

2 将黄色巧克力倒入巧克力用星形模具中，冷却凝固。

3 烘烤魔鬼蛋糕。

4 制作基础黄油奶油。

5 在基础黄油奶油中放入开心果泥，制作开心果奶油（参考p27）。

6 将开心果奶油装入带有星形裱花嘴的裱花袋中，在蛋糕上挤2圈。

7 均匀摆上混合薄荷糖。

8 奶油正中间摆上星型巧克力。

**装饰要点**

♥ 混合薄荷糖的颜色多种多样，将每一个都认真摆好，烘托出圣诞
节的气氛。

冻干草莓 ——

Cakes for
All Seasons
Christmas
Evening

**WINTER**

Christmas Evening

# 平安夜

提起圣诞节就会想到绿色和红色。
用颜色纯红的红丝绒蛋糕，搭配奶油奶酪霜，
做成这款优雅的杯子蛋糕。

**材料** 6个份

**红丝绒蛋糕（p18）** ……… 6个

**奶油奶酪霜（p30）** …… 200g

冻干草莓…………………… 15g

## 做法

1 烘烤红丝绒蛋糕。

2 制作奶油奶酪霜。

3 将奶油奶酪霜装入带有星形裱花嘴的裱花袋中，在蛋糕上挤2圈。

4 奶油上撒上冻干草莓。

## 装饰要点

♥ 冻干草莓颗粒较大时，可以提前切碎再用。

♥ 如果使用蕾丝纸托，蛋糕的外表更华丽。

# Cakes for

# Anniversary

SECTION

# 5

♥

## 制作
## 纪念日蛋糕

让我们用小小的杯子蛋糕，来表示特别
日子的无比喜悦吧。
庆祝只属于家人的时刻，和朋友间的简
单聚会，甚至是隆重的婚礼，杯子蛋糕
的世界越来越宽广。

蛋糕插牌
彩糖
草莓奶油

Birthday Girls
# 女孩生日会

在美国的生日聚会上，杯子蛋糕是必备单品。
带去自己制作的杯子蛋糕，
为朋友家的孩子送去生日祝福。
女孩子们举办生日会时，也可以用杯子蛋糕来表达祝福。

## 材料 6个份

| | |
|---|---|
| **香草戚风蛋糕（p12）** …… | 6个 |
| **基础打发奶油（p28）** … | 200g |
| 草莓酱………………………… | 20g |
| 蓝莓酱………………………… | 20g |
| 粉色彩糖……………………… | 15g |
| 蛋糕插牌……………………… | 6个 |

## 做法

1 烘烤香草戚风蛋糕。

2 制作较软的基础打发奶油。

3 100g基础打发奶油中放入20g草莓酱，制作草莓奶油（详情参考 p29）。

4 100g基础打发奶油中放入20g蓝莓酱，制作蓝莓奶油（详情参考 p29）。

5 将草莓奶油和蓝莓奶油分别装入带有星形裱花嘴的裱花袋中，在不同的蛋糕上挤2圈。

6 撒上粉色彩糖。

7 奶油中间插上蛋糕插牌。

### 装饰要点

♥ 奶油颜色较淡时，可以在草莓奶油中放入红色素，在蓝莓奶油中放入红色素和蓝色素。

专栏

## 蛋糕插牌

　　蛋糕插牌主要是插在杯子蛋糕上用来装饰的材料。有了这个插牌，更凸显主题，蛋糕也更华丽。蛋糕插牌可以在糕点材料商店中买到，也可以将印有插画的纸剪下，中间插入牙签，将两张粘在一起，在家自己制作插牌。这里使用的是芭蕾舞者插牌，装饰用细腻的蕾丝，在自己制作的时候，可以粘上自己喜欢的布或者串珠，非常好玩。

蜡烛

糖粒

First Birthday
# 周岁啦

在美国，提起生日蛋糕，
一般指的不是整个蛋糕，而是杯子蛋糕。
特别是一周岁生日，父母要决定生日的主题和颜色，
举办隆重的庆祝活动。

**材料** 6个份

**香草戚风蛋糕（p12）** …… 6个
**基础黄油奶油（p24）** … 100g
星星糖粒 …………………… 10g
数字蜡烛 …………………… 6个

## 做法

1 烘烤香草戚风蛋糕。

2 制作基础黄油奶油。

3 将基础黄油奶油装入带有星形裱花嘴的裱花袋中，在蛋糕上挤2圈。

4 放上糖粒。

5 插上数字蜡烛。

## 装饰要点

♥ 数字蜡烛可以在糕点材料商店购买。

♥ 可以选择自己喜欢的糖粒，五彩斑斓的色彩会更加烘托出聚会的氛围。

*Cakes for Anniversary*
First
Birthday

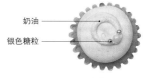

奶油
银色糖粒

*Cakes for
Anniversary*
"Marry Me?"

*"Marry Me?"*
# 求婚

人生中的一件大事，就是婚姻。
求婚的时候，
一起出现这么可爱的杯子蛋糕，
也会是一生中非常难忘的回忆吧。

### 材料 6个份

**香草戚风蛋糕（p12）** ⋯⋯ 6个
**基础打发奶油（p28）** ⋯ 200g
草莓酱⋯⋯⋯⋯⋯⋯⋯⋯ 20g
银糖珠⋯⋯⋯⋯⋯⋯⋯⋯12个
白糖珠⋯⋯⋯⋯⋯⋯⋯⋯ 6个
银粉⋯⋯⋯⋯⋯⋯⋯⋯⋯ 适量

### 做法

1 烘烤香草戚风蛋糕。

2 制作基础打发奶油。

3 100g基础打发奶油中放入草莓酱，制作草莓奶油（参考p29）。

**制作戒指**

4 烤盘上铺上保鲜膜或者油纸，将100g基础打发奶油装入带有直径5mm圆形裱花嘴的裱花袋中，挤成戒指形状，放上糖珠，冷冻30分钟。

5 等4凝固后，用刷子刷上银粉。

6 将草莓奶油装入带有直径1.5cm圆形裱花嘴的裱花袋中，在蛋糕上挤圆球。

7 用铲子铲起5的戒指，放在奶油上。

### 装饰要点

♥ 戒指部分，可以变换使用糖珠的大小，或者用自己喜欢的装饰来进行设计。

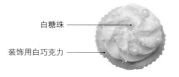

白糖珠

装饰用白巧克力

White Wedding

# 圣洁婚礼

这款杯子蛋糕，
非常适合搭配简单精致的婚礼。
杯子蛋糕就像是新娘纯白的裙子一样，
虽然纯白，却不失华丽。

## 材料 6个份

**香草戚风蛋糕（p12）** …… 6个
**基础黄油奶油（p24）** … 150g
装饰用白巧克力………… 100g
白糖珠（小颗）………… 20g
白糖珠（大颗）…………30粒

## 做法

1 烘烤香草戚风蛋糕。

2 装饰用白巧克力隔水加热熔化，浸入蛋糕表面。

3 制作基础黄油奶油。

4 将基础黄油奶油装入带有星形裱花嘴的裱花袋中，在蛋糕上挤2圈。

5 均匀摆上小糖珠和大糖珠。

## 装饰要点

♥ 使用白色糖珠，表示的是新娘身上的珍珠。

♥ 珍珠般的大颗糖珠叫做White dragee，是我在纽约买到的。可能
日本很难买到这种大颗糖珠，如果买不到，可以使用银糖珠，又
是不一样的感觉了。

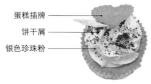

蛋糕插牌
饼干屑
银色珍珠粉

## The Wedding Tower
# 婚礼蛋糕塔

在美国的婚礼上，
大多会用杯子蛋糕来庆祝。
婚宴现场尤其会将杯子蛋糕堆成塔来装饰，
搭配简单而又有品位。

### 材料 6个份

**香草戚风蛋糕（p12）** …… 6个
**基础黄油奶油（p24）** … 150g
可可饼干（装入袋子，用擀面杖
　压碎）……………… 10g
银色珍珠粉（颗粒较细，有光泽
　的粉末色素）………… 适量
蛋糕插牌…………………… 6个

### 做法

1 烘烤香草戚风蛋糕。

2 制作基础黄油奶油。

3 将基础黄油奶油装入带有星形裱花嘴的裱花袋中，在蛋糕上挤2
　圈。

4 撒上可可饼干粉末。

5 用细笔蘸取银色珍珠粉，用手指弹一下笔尖，使其洒在奶油上。

6 奶油正中间插入插牌。

### 装饰要点

♥ 饼干粉末不要太碎，用手指抓起能互相摩擦的程度就可以，这样
　成品更漂亮。

Baby Shower
# 迎婴派对

迎婴派对，在美国一般是庆祝生产的习俗，
孕妇的朋友在成为主角的婴儿出生前，
将生产后必备的东西作为礼物送上，沐浴着幸福的期待中！
这种派对常用可爱的糖霜饼干做成的杯子蛋糕来庆祝。

## 材料 6个份

| | | | |
|---|---|---|---|
| 香草戚风蛋糕（p12） | 6个 | 草莓酱 | 30g |
| 基础黄油奶油（p24） | 150g | 糖霜饼干 | 6块 |
| | | 糖粒 | 10g |

## 做法

1 烘烤香草戚风蛋糕。

2 制作基础黄油奶油。

3 基础黄油奶油中放入草莓酱，制作草莓奶油。颜色较淡时可以放入红
  色素。

4 将草莓奶油装入带有星形裱花嘴的裱花袋中，在蛋糕上挤2圈。

5 撒上糖粒。

6 放上糖霜饼干（参考p114）。

## 装饰要点

♥ 草莓奶油大多用打发奶油来做，但因为这里要放糖霜饼干，所以用的
  是略硬实的黄油奶油。

---

**专栏**

### 迎婴派对是什么?

　　虽然在日本很少有这样的习俗，但就是"生产前的庆祝"这
样的意思吧。孕妇的朋友们为了送上祝福，将生孩子所需要的东
西作为礼物送出。在日本一般都是生产后庆祝，但考虑到刚生产
完婴儿和妈妈的状态，在生产前的稳定期举行这种聚会负担会更
少，让孕妈妈沐浴在朋友的祝福中，对将要面临重要挑战的她们
来说，也是非常重要的鼓励吧。因为是一边和朋友们商量产后需
要的东西一边准备派对，所以收到的都是实用的礼物。这是非常
具有美式风格的聚会，现在日本也逐渐出现这种迎婴派对了。

## 饼干的做法

### 材料 6个份

| | |
|---|---|
| 黄油 | 100g |
| 糖粉 | 70g |
| 鸡蛋 | 1/2个 |
| 低筋粉 | 180g |

### 做法

1 将常温静置软化的黄油和糖粉，用打蛋器搅拌到颜色发白。

2 一边搅拌一边分两次放入打散的蛋液，搅拌均匀。

3 放入低筋粉，改用木铲搅拌均匀（搅拌到没有生粉就可以）。

4 将面揉成团，裹上保鲜膜，放入冰箱中冷藏静置一晚。

5 将面团用擀面杖擀至5mm厚。

6 用压模压出造型，放入预热至180℃的烤箱中烘烤10～15分钟。烤至整体呈金黄色。

## 糖霜的做法

### 材料 6个份

| 略硬 | | 略软 | |
|---|---|---|---|
| 糖粉 | 100g | 糖粉 | 100g |
| 蛋白 | 1大匙 | 蛋白 | 1.5大匙 |
| | | 喜欢颜色的色素 | |
| | | | 适量 |

### 糖霜的做法

1 糖粉和打散的蛋白搅拌均匀。

2 用水溶解色素，用牙签头蘸取，调整糖霜的颜色。

### 糖霜饼干的做法

1 将略硬的糖霜装入锥形裱花袋，画出边缘的图案。

2 等边缘部分干燥后，用尖端较细的汤匙或者刷子取略软的糖霜，涂满表面。

3 等表面干燥后，用裱花袋中略硬的糖霜，画出喜欢的图案。

4 干燥一晚。

可爱的糖霜饼干的压模。这是也能压出图案的压模。

迎婴派对的杯子蛋糕都用梦幻的装饰
怎么样？利用这次机会，可以挑战各
种不同设计的糖霜饼干。

Ciappuccino
Ciappuccino
Ciappuccino
Ciappuccino
Ciappuccino
Ciappuccino

# Whoopie Pie

### SECTION

# 6

♥

## 制作无比派

在纽约，除了杯子蛋糕，超受欢迎的还有无比派。但这其实是美国阿米什人的传统糕点。在Ciappuccino蛋糕店中，无比派和杯子蛋糕摆在一起，非常受欢迎。现在就公开无比派的配方和装饰！

制作
无比派

# 无比派是什么?

这是一款在两片直径约5cm的圆平蛋糕中间夹上奶油的甜点。

无比派原本是美国东北部的传统糕点,

名字的由来据说是因为食用时非常美味,

孩子们会发出"w-o-o"的欢呼声。

# 基础的可可
# 无比派的做法

无比派的蛋糕看起来就像是直径约5cm的小薄饼。以可可无比派为基础,可以搭配各种奶油。

可可无比派

♥ 开始前的准备工作

● 将黄油放置室温下回温。

● 烤箱预热至180℃。

● 低筋粉、可可粉、小苏打、盐混合均匀。

♥ 材料 约20块(10个份)

| | |
|---|---|
| 黄油·························· | 120g |
| 黄砂糖······················ | 120g |
| 鸡蛋·························· | 2个 |
| 低筋粉······················ | 170g |
| 可可粉······················ | 50g |
| 小苏打······················ | 4g |
| 盐···························· | 2g |
| 牛奶·························· | 50mL |
| 酸奶·························· | 50g |
| 香草精······················ | 1小匙 |

💛 做法

① 黄油和黄砂糖用打蛋器搅拌到颜色发白。

② 分两次放入打散的蛋液，每次都搅拌均匀。全部一次放入的话，材料难以相互融合。

③ 牛奶、酸奶和香草精混合均匀。

④ 将一半的3倒入2内，改用橡胶刮刀搅拌均匀。

⑤ 将一半的粉类用粉筛筛入2中，搅拌均匀。

⑥ 放入剩余的3搅拌均匀，筛入剩余的粉类，继续搅拌。交叉各放入一半，这样面糊不会形成疙瘩。

⑦ 用冰激凌勺或者汤匙舀取面糊，放在烤盘上，形成直径约5cm的圆饼。烘烤时蛋糕周边会膨胀，所以要留下充分的间隔。

⑧ 放入预热至180℃的烤箱中烘烤10~12分钟。

⑨ 烤好的无比派。

## 草莓无比派的做法

### 开始前的准备工作
● 将黄油放置室温下回温。
● 烤箱预热至160℃。
● 低筋粉、泡打粉、盐混合均匀。

### 材料 约20块
| | | | |
|---|---|---|---|
| 黄油 | 120g | 盐 | 2g |
| 黄砂糖 | 120g | 牛奶 | 30mL |
| 鸡蛋 | 2个 | 酸奶 | 30g |
| 低筋粉 | 220g | 香草精 | 1小匙 |
| 泡打粉 | 4g | 草莓酱 | 30g |

### 做法
1 黄油和黄砂糖用打蛋器搅拌到颜色发白。

2 分两次放入打散的蛋液，每次都搅拌均匀。如果全部一次放入，材料难以相互融合。

3 牛奶、酸奶和香草精混合均匀。取一半倒入2内，改用橡胶刮刀搅拌均匀。

4 将一半的粉类用粉筛筛入2中，搅拌均匀。

5 放入剩余的3搅拌均匀，放入剩余的粉类，继续搅拌。交叉各放入一半，这样面糊不会形成疙瘩。

6 面糊内放入草莓酱。放入果酱后不要过度搅拌，否则面糊容易变软。

7 想要颜色更鲜艳时，可以放入红色素。

8 用冰激凌勺或者汤匙舀取面糊，放在烤盘上，形成直径约5cm的圆饼。烘烤时蛋糕周边会膨胀，所以要留下充分的间隔。

9 放入烤箱烘烤10～12分钟。完全上色之后蛋糕并不美观，所以要比烤可可杯子蛋糕时温度略低。

## 焦糖无比派的做法

### 开始前的准备工作
● 将黄油放置室温下回温。
● 烤箱预热至160℃。
● 低筋粉、泡打粉、盐混合均匀。

### 材料 约20块
| | | | |
|---|---|---|---|
| 黄油 | 120g | 牛奶 | 30mL |
| 黄砂糖 | 120g | 酸奶 | 30g |
| 鸡蛋 | 2个 | 香草精 | 1小匙 |
| 低筋粉 | 220g | 盐黄油焦糖酱汁（参 | |
| 泡打粉 | 4g | 考p48） | 30g |
| 盐 | 2g | | |

### 做法
1 黄油和黄砂糖用打蛋器搅拌到颜色发白。

2 分两次放入打散的蛋液，每次都搅拌均匀。如果全部一次放入，材料难以相互融合。

3 牛奶、酸奶和香草精混合均匀。取一半倒入2内，改用橡胶刮刀搅拌均匀。

4 将一半的粉类用粉筛筛入2中，搅拌均匀。

5 放入剩余的水搅拌均匀，放入剩余的粉类，继续搅拌。交叉各放入一半，这样面糊不会形成疙瘩。

6 面糊内放入盐黄油焦糖酱汁。放入盐黄油焦糖酱汁后不要过度搅拌，否则面糊容易变软。

7 用冰激凌勺或者汤匙舀取面糊，放在烤盘上，形成直径约5cm的圆饼。烘烤时蛋糕周边会膨胀，所以要留下充分的间隔。

8 放入烤箱烘烤10～12分钟。完全上色之后蛋糕并不美观，所以要比烤可可杯子蛋糕时温度略低。

Marshmallow
# 棉花糖派

可可无比派搭配黄油奶油的简单组合。
只需装饰上多彩的棉花糖，
普通的可可无比派立刻就变得时尚起来。

**材料** 10个份

**可可无比派**·············· 20片

**基础黄油奶油**·············· 200g

迷你棉花糖·············· 60个

（如果没有迷你棉花糖，可以将
普通的棉花糖切成1cm的小块）

做法

1 烘烤可可无比派。

2 制作基础黄油奶油。

3 将基础黄油奶油装入带有星形裱花嘴的裱花袋中。将无比
　派烘烤的一面朝下，将奶油在上面挤成平坦的旋涡状。

4 再叠加一片无比派。如果无比派之间压得太紧，奶油会溢
　出来，所以稍微按压一下就好。

5 在奶油的侧面，均匀地粘上6块棉花糖。

Heart
# 爱心派

即使是朴实温和的无比派，
只要表面浸上巧克力，
再用糖珠装饰，
立刻就变得华丽厚重起来。

**材料** 10个份

**可可无比派**·····················20片
**基础黄油奶油**·············· 200g
巧克力························· 200g
黑可可粉······················ 40g
色拉油························· 20mL
糖珠·························· 20g

## 做法

1 烘烤可可无比派。

2 制作基础黄油奶油。

3 将基础黄油奶油装入带有星形裱花嘴的裱花袋中，将无比派烘烤的
一面朝下，将奶油在上面挤成平坦的旋涡状。

4 再叠加一片无比派。如果无比派之间压得太紧，奶油会溢出来，所
以稍微按压一下就好。

5 放入冰箱中冷藏约1小时，让无比派和奶油充分黏合。

6 熔化的巧克力内放入黑可可粉和色拉油搅拌均匀，过滤，制成装饰
用的黑巧克力，将无比派的一面浸入其中。

7 等巧克力凝固后，将剩余的黑巧克力装入锥形裱花袋中，在无比派
上挤出心型，上面放上糖珠。

材料 10个份

| | |
|---|---|
| **可可无比派**······················ | 20片 |
| **基础黄油奶油**················· | 200g |
| 巧克力····················· | 100g |
| 装饰用白巧克力·········· | 200g |
| 巧克力用绿色素·············· | 适量 |

做法

1 烘烤可可无比派。

2 制作基础黄油奶油。

3 将基础黄油奶油装入带有星形裱花嘴的裱花袋中，将无比派烘烤的一面朝下，将奶油在上面挤成平坦的旋涡状。

4 再叠加一片无比派。如果无比派之间压得太紧，奶油会溢出来，所以稍微按压一下就好。

5 放入冰箱中冷藏约1小时，让无比派和奶油充分黏合。

6 将巧克力熔化，倒入圆圈巧克力模具中，冷却凝固。

7 将装饰用白巧克力熔化，放入巧克力用绿色素，制作绿色巧克力，将无比派的一面浸入其中。

8 等绿色巧克力凝固后，将熔化的巧克力装入锥形裱花袋中，将裱花袋的尖端剪开约2mm的细口，写上"pure"的文字。

9 在6做好的圆圈上面，制作巧克力的装饰部分。

10 在9装饰好的圆圈背面挤上巧克力，放在无比派上。

Pure
# 纯洁派

将无比派用巧克力装饰，再写上文字，立刻感觉就不一样了。

**材料** 10个份

| | |
|---|---|
| **草莓无比派**·············· | 20片 |
| **基础黄油奶油**·············· | 200g |
| 草莓酱·············· | 50g |

**装饰用**

| | |
|---|---|
| 巧克力 ·············· | 100g |
| 装饰用白巧克力 ······ | 200g |
| 爱心糖粒 ·············· | 10片 |
| 糖珠 ·············· | 20g |

**做法**

1 烘烤草莓无比派。

2 制作基础黄油奶油。

3 将基础黄油奶油装入带有星形裱花嘴的裱花袋中。将无比派烘烤的一面朝下，将奶油在上面挤成平坦的旋涡状。

4 用尖端较小的汤匙舀取草莓酱放在奶油中间，再叠加一片无比派。如果无比派之间压得太紧，奶油会溢出来，所以稍微按压一下就好。

5 放入冰箱中冷藏约1小时，让无比派和奶油充分黏合。

6 将巧克力熔化，倒入高跟鞋巧克力模具中，冷却凝固。

7 将装饰用白巧克力熔化，将无比派向上的一面浸入其中。

8 将熔化的巧克力装入锥形裱花袋中，将裱花袋的尖端剪开约2mm的细口，画出波点的图案。

9 在6做好的高跟鞋的鞋尖处点上巧克力，放上糖粒，鞋跟部分放上糖珠。

10 在9装饰好的高跟鞋背面挤上巧克力，放在无比派上。

Strawberry Cinderella

# 草莓灰姑娘派

掌握可可无比派后，试着挑战一下草莓味的无比派吧。
只需放入果酱，就能轻松地享受味道的变化了。

Salted Butter Caramel
# 盐黄油焦糖派

无比派和夹心都大量使用了盐黄油焦糖酱汁。这
款无比派虽然简单，味道却让人念念不忘。

**材料** 10个份

**焦糖无比派**················· 20片
**基础黄油奶油**·············· 200g
盐黄油焦糖酱汁（参考p48）
···································· 50g

做法

1 烘烤焦糖无比派。

2 制作基础黄油奶油。

3 将基础黄油奶油装入带有星形裱花嘴的裱花袋
中。将无比派烘烤的一面朝下，将奶油在上面
挤成平坦的旋涡状。

4 用尖端较小的汤匙舀取盐黄油焦糖酱汁放在奶
油中间，再叠加一片无比派。如果无比派之间
压得太紧，奶油会溢出来，所以稍微按压一下
就好。

# 在纽约发现的装饰套装

虽然杯子蛋糕本身就非常可爱，但如果使用简单的装饰工具，会更有品位。这里介绍的就是我在纽约发现的可爱装饰。

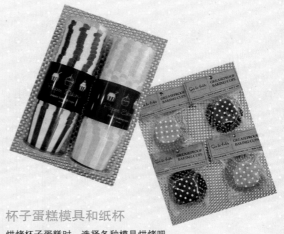

## 蜡烛

只需将蜡烛插在杯子蛋糕上面，主题立刻就明确了，是聚会的必备装饰品。

## 杯子蛋糕模具和纸杯

烘烤杯子蛋糕时，选择各种模具烘烤吧。只需在朴素的模具上裹上纸杯，立刻就有不一样的风情。

## 杯子蛋糕的模具和纸托

根据聚会的主题和季节不同，选择蛋糕的模具和装饰的纸托，会让做蛋糕变得更有乐趣哦。

## 棒棒糖

写有信息的棒棒糖，可以和杯子蛋糕一起作为礼物。装饰在杯子蛋糕上，更显时尚。

*Acknowledgments*

♥

在这里，对喜欢Ciappuccino蛋糕店，并给予大力支持的顾客们
由衷地表示感谢。
写这本书的初衷，就是将美国优秀的文化传递给大家。
如果有一页能让大家开心，那也是我的荣幸。

另外

Special Thanks to Kazuhisa Koshiishi:
感谢您在生命的最后时光还在做着美丽的奶油蛋糕。

Special Thanks to Eri Noda:
Ciappuccino蛋糕店开业以来的忠实粉丝，感谢您能一起度过困难时期。

Special Thanks to Kaori Yoshihara & Aki Hinata
感谢您每天制作精致的糕点。

Thanks to my entire family:
感谢在Ciappuccino蛋糕店开业后，一直在事业和生活上给予我无限
支持的深爱的丈夫和孩子。

I love you and thank you all for your love and
support over the years.

最后，
对未在书中提及的自Ciappuccino蛋糕店开业以来
一直支持我们的朋友们，一并表示衷心感谢。

Kazumi Lisa Iseki

## 图书在版编目（CIP）数据

纽约风杯子蛋糕 /（日）井关和美著；周小燕译
. -- 北京：中国民族摄影艺术出版社，2017.9
　　ISBN 978-7-5122-1041-7

　　Ⅰ.①纽… Ⅱ.①井… ②周… Ⅲ.①蛋糕—糕点加
工 Ⅳ.①TS213.23

　　中国版本图书馆CIP数据核字(2017)第193891号


TITLE：［NEW YORK STYLE Romantic Cup Cake］
BY：［Kazumi Lisa Iseki］
Copyright © 2013 Kazumi Lisa Iseki
Original Japanese language edition published by Seibundo Shinkosha Publishing Co., Ltd.
All rights reserved. No part of this book may be reproduced in any form without the written permission of
the publisher.
Chinese translation rights arranged with Seibundo Shinkosha Publishing Co., Ltd., Tokyo through NIPPAN
IPS Co., Ltd.


本书由日本株式会社诚文堂新光社授权北京书中缘图书有限公司出品并由中国民族摄影艺术出版
社在中国范围内独家出版本书中文简体字版本。
著作权合同登记号：01-2017-4791

策划制作：北京书锦缘咨询有限公司（www.booklink.com.cn）
总 策 划：陈 庆
策　 划：肖文静
设计制作：柯秀翠

书　 名：纽约风杯子蛋糕
作　 者：［日］井关和美
译　 者：周小燕
责　 编：陈 溪
出　 版：中国民族摄影艺术出版社
地　 址：北京东城区和平里北街14号（100013）
发　 行：010-64906396 64211754 84250639
印　 刷：北京和谐彩色印刷有限公司
开　 本：1/16　185mm×260mm
印　 张：8
字　 数：96千字
版　 次：2017年11月第1版第1次印刷
ISBN 978-7-5122-1041-7
定　 价：49.80元